YICHILIUXIANG
HAOCAI ZHENG CHULAI

溢齿留香
好菜蒸出来

清淡、鲜嫩、健康
饮食纯"蒸"主张

溢齿留香⊙著

浙江出版联合集团
浙江科学技术出版社

序

家的幸福温暖
从蒸菜开始

　　记得小时候，每当夜幕降临，放学回家总是一边写作业，一边等着母亲在厨房里忙着家里的晚餐。"快收拾好桌子，洗手准备吃饭啦！"母亲每每从厨房里探出身来的声音是我的最爱！

　　"来啦！"理好书本洗好手，我们围在母亲身边，看着她打开灶上的蒸锅盖，一股菜肉香顿时升腾——满屋热气溢香中，我的肚子一下子咕咕叫起来了。"呀！今天吃霉干菜蒸肉啊！"

　　我赶紧盛好饭，热腾腾的霉干菜肉已经在桌上浓香四溢了！"慢慢吃，就要期末考了，给你们添点肉香，还有水蒸蛋马上好了！"夹一块红亮酥香的霉干菜肉，浓香油润！舀一勺鸡蛋海鲜羹，润滑鲜嫩！透过香溢满屋，看着母亲慈祥关爱的笑容，我也夹块肉到她碗里，一家人在一起的日子好温暖！

　　长大后，我自己也成为主妇。工作一天回到家，煎、炒、蒸、煮忙着三口之家的饭菜，渐渐地我发现油烟味太重对家人健康不好，所以我选择健康的蒸菜方式多些。在蒸煮中我还惊喜地发现，对于女人来说，蒸菜绝对能满足你爱健康又爱美的天性：想想每当炎炎夏日，满头大汗地下班回到家，不愿再受到厨房油烟的高温火热之苦，在空调房先将鱼肉菜果轻松整理调味后，放入电蒸箱或蒸笼、蒸锅中，然后悠悠地休息下，慢慢地喝一杯蒸炖好的木耳莲子羹，等待着享受无油烟热火的舒适和空调清凉后的蒸菜美味。

　　当一家人围坐在空调下享受着蒸菜的美味时，我这个家庭主妇再也不会因为满身满头的油烟味而心怀幽怨，心里只有暗暗窃喜：蒸菜毕竟是最健康的饮食呀！

　　有人说蒸出来的菜不好看，其实是因为没有掌握好蒸菜保鲜的窍门；也有人说蒸出来的菜不美味，这只能说我们还没找到蒸菜的最佳火候和时间，当然还有腌制的技巧。我曾经做过一道粽香子排，因为放调味料腌制时间太短，所以蒸好后子排不够浓香，后来我把子排提前用调味料腌制了一天，蒸出来的就是浓香醇鲜的好滋味！

现在，多层蒸锅、电蒸箱的出现，更是让我看到了蒸菜的快捷和方便，比如蒸鱼，时间太长容易鱼肉蒸老，时间短又怕不熟，有了电蒸箱后，可以根据食材的重量、品种、类别，用电脑一键轻松搞定！

最近，我给喜欢蒸菜的母亲也添置了一台高品质的电蒸箱，让她不再受油烟的困扰，更好更轻松地享受现代家电带来的健康"蒸"滋味！

当一盘盘热腾腾的蒸菜从蒸锅的热气和蒸箱叮咚鸣叫声中取出时，一阵阵浓浓的菜肉香味袅绕，在鸡鸭鱼肉菜果汤的热气腾升中品味着幸福温暖家的味道……

溢齿留香

2015 年 4 月

目录 MULU

🔴 蒸出荤素搭配的花式菜肴

四 蒸出营养丰富的主食甜品

蒸出来的更 营养 更 健康

　　随着时代的发展变迁，东西方烹饪饮食文化的互相交流，人们对美食和美味的追求到了极致，各种食材、各种烹饪方式并存，为我们提供了更多的选择。但是随之而来的文明病、现代病让越来越多的人对油腻煎炸食物心存顾虑。人们的饮食理念正悄悄地发生着变化，从单一吃饱，到吃好、吃精，再到吃健康、吃营养，讲究多吃一些低脂肪、少油烟、清鲜温润的饮食菜品，而蒸菜正符合现在人们追求健康养生的饮食需要。

　　蒸菜最早出现在我国北魏时期，先古人们在荒野山岭折几把枯树枝，搬几块大石头，搭出最原始的灶台，将陶甑架在石灶台上，放入抓来的鲜活鱼虾或几块射杀擒来的森林野味或拣拾的野菜树果一同蒸煮，舀几瓢黍米蒸成焦香米饭，柴火从石缝中向上蹿腾，呼呼冒出的蒸汽随着食物香味在空中弥漫，蒸熟后蘸些盐，保持了食物最本真、最原始的美味。

　　我平时在家里最喜欢做的就是蒸菜，鸡、鸭、鱼、肉、虾、蛋、蟹……什么都可以拿来蒸，既保持食材的营养成分又不会增加额外的营养负担，而且蒸菜容易消化和吸收，特别适合老人、孩子和爱美爱健康的时尚人士。况且，现在的蒸菜从原来单一的蒸鱼、蒸肉、蒸菜，逐渐向粉蒸、素蒸、花色蒸、甜品炖品等多元化、多品种发展，完全满足了人们既要营养又要口感的要求，蒸出清鲜营养好滋味。

没有什么比 食材新鲜 更重要的了

　　相比于其他烹饪方式，"蒸"对食材的要求应该算高的了，食材必须新鲜！

　　做好蒸菜，食材选择很重要，要求选用新鲜、自然的生态有机食材，因为运用"蒸"的烹饪方法，能够最大限度地保留海鲜、肉类、禽蛋、蔬菜食材的原汁原味和营养成分，保持食材的本真本味，蒸出来的菜品或清鲜美味或浓香开胃，滋补养生。

　　下面我根据自己平时购买新鲜食材的经验，从看外观、摸食材、闻味道着手，给大家一个提示参考：

　　·选购猪、羊、牛肉，首先要去正规的大超市和国家定点挂牌的直销店购买，这样的食材在品质上有国家食品检疫保证。选择这些肉类食材时要注意，肉看上去要有光泽、淡红色、无味道、无囊肿和淋巴颗粒结节；用手按下去有弹性，能马上恢复；买回来的肉没有水渗透出来的是好肉，千万不要购买不健康的注水肉和病肉。

　　·选购淡水鱼虾，要看全身鱼鳞、虾壳是否完好，那些来回游弋呼吸吐气的鱼虾是好的。不要购买那些鱼肚斜翻或鱼身异形、变色的鱼，也不要买那些虾头断了的不新鲜的虾。

· 如果是买冰鲜冷冻过的海水鱼，要看鱼身是否完整，可以用手摸一下鱼身，看肉质有没有腐烂，还可以挖开鱼鳃看看是否鲜红无粘连。如果发现鱼鳃呈暗红色，就说明不新鲜了。

· 螃蟹要选择蟹脚完整的，将蟹壳朝下放在盆中，会马上翻过来爬动的是新鲜好蟹。反之，蟹脚软趴趴的，就是快不行了的。

· 贝类、螺类等小水产，要挑选那些在水盆中吐水换气的。如果是没有张开口的死贝、死螺就不要买。注意，这类小水产买回家后要在清水里静养一天，滴几滴麻油可以让它们尽快吐尽泥沙，等泥沙吐净后才能吃。

· 选购新鲜蔬菜的时候，首先要选择无污染的有机蔬菜，现在各超市和农贸市场都有直销定点专柜，清理干净后小包装摆放的，可以放心选购。那些在农贸市场里自己摆摊几十年脸熟的菜农老摊主也是可以信任的，他们自己种的本地蔬菜既时令又新鲜，可以放心选择。

· 叶菜要选择外观水灵、鲜嫩无烂叶的，可以拿起菜看看根部有无被水浸过。如有水滴掉下来的就是浸过水的菜，不能买，因为不知道菜农是用什么水浸泡的。如果是污水浸泡过的蔬菜，放到晚上就会腐烂。

· 根茎类的叶菜如芹菜、小葱等，如果当天买多了，可以用保鲜袋扎起来，露出的根部浸入水杯中，可以保持新鲜好几天。

· 生姜、大蒜头要选择形状完好、干燥无水的，发现有腐烂变色的就不要买，以防中毒。

· 选择豆制品最好是小包装的盒装产品，要仔细看一下生产日期，当天买当天吃肯定新鲜。千张和豆腐干虽然有包装，也要看生产日期，还要拿起来隔着袋子摸一下，如果发现里面发黏就不新鲜了。如果是没有包装的板豆腐，要闻一下，如果有酸味、表面发黏就是变质了。

不只有 蒸锅 和 蒸箱 可以蒸菜

由于蒸菜健康又营养，所以"蒸"这种烹饪方法越来越受到人们的关注，烹饪器皿也越来越现代化，从过去的竹蒸笼、气锅，到现在的铁蒸锅、电蒸箱。家庭主妇们完全可以任性地运用这些现代化的器具，省心省力、无油烟地蒸制出更多健康美味，与传统厨房油烟困扰告别！

◆ 首先我来说说比较正式的蒸具

· 电蒸箱　这是最先进、最时尚的现代化厨房蒸具，也是最容易操作的现代化蒸具。因为采用现代化电脑控制、全封闭的箱体结构，按照食材的类别或重量等设计了蒸制时间，有蒸鱼类、蒸肉类等，可以精确到分，而且全封闭、无蒸汽外泄，能最大程度地保留蒸汽效果，任何菜品、主食都可以蒸制。食材调味后，一键按定，不需要在边上看着，你可以做任何其他事，是目前最完美、便捷的蒸菜器具。电蒸箱还有个好处是蒸箱空间相对较大，可以蒸全鸡、全鸭等一般蒸锅

不能蒸的大食材。一般现在市场上多是嵌入式的电蒸箱，不占用地方。如果家里不是新装修厨房，也可以单独做个木箱子，将电蒸箱塞进去。

• 多层蒸锅　也是现在家庭常用的蒸具。一般用不锈钢材料制成，可以摆放多层食材。但需要提醒的是，一般家庭在蒸菜时，如果使用多层蒸锅，一次蒸的菜品应该是同一类型的，如鱼类和鱼类一同蒸、肉类和肉类一齐蒸，蔬菜、面点单独蒸，这样相互间不会串味。如果将容易熟的蔬菜类和肉禽类同蒸，肉禽类还没有蒸熟，而蔬菜已经蒸过头变色变黄了，造成营养流失。

• 竹蒸笼　是最适合蒸面点的，像包子、馄饨、饺子、面条等等，家庭用的小蒸笼因为占用的体积小，蒸熟后可以直接端上桌，一方面可以保持面点形状完整；另一方面，竹蒸笼保温性能好，保证了面点小吃的最佳温度和口感。

• 此外，还有气锅、蒸盅这类蒸具，平时家庭用得较少，但用于滋补汤羹类和甜品很合适，既可以单独使用，也可以放入上面三类蒸具里。

◆ **没有正式蒸具的家庭怎么办**

没有上面几种蒸具的家庭，也可以用最传统的蒸制方法：在铁锅底部放一只蒸架或小碟子、小碗，碟（碗）口朝下，这样摆放是为了平衡一些，加水蒸制时盘中蒸菜不容易斜倒。锅中加足量清水，再将蒸菜盘搁放在上面开蒸即可。

◆ **巧用电饭锅做蒸菜**

在日常生活中，虽然我们强调蒸菜最好分开蒸，以免串味，家里应该添置蒸箱或者蒸锅、蒸笼等蒸具，但是当你真正喜欢上蒸菜的简单、营养、天然口感时，你会发现其实家里的电饭锅也是蒸菜的好帮手，特别是当时间来不及时，用电饭锅可以解你的燃眉之急，而且味道出乎意料地好呢！

方法很简单，用电饭锅做饭时，将菜放在电饭锅的蒸架上蒸，等米饭蒸熟了，里面的蒸菜也做好了，既简单又方便！

特别推荐几款适合放在电饭锅上蒸制的菜品

• 蒸蛋羹。这是有老人、小孩的家庭常备的一道蒸菜，将鸡蛋打散放入碗中，加入适量的温开水，直接放进电饭锅的蒸架上蒸制即可，花样多的可以加些肉末、虾皮、香肠末等。

• 腌制的酱肉、酱鸭、香肠等酱货。这些酱货放在电饭锅的蒸架上蒸，米饭的香味和酱货的香味交融在一起，口感特别好、特别香！

• 一些本身无特殊气味、耐蒸煮的食材，比如毛豆、茄子、土豆等，都可以用电饭锅来做。有一道很有名气的蒸菜叫饭焐茄子，只需将茄子洗净放入米饭上或电饭锅蒸架上，蒸熟后用麻油、蒜末、盐、味精调味即可，软烂可口，老少皆宜。还有一道我外婆最喜欢的饭焐毛豆，制作也非常简单，将毛豆肉放在小碗中，直接放米饭上或电饭锅蒸架上，熟后加点盐和味精调味即可，毛豆熟烂，鲜香味纯，很有点返璞归真的田园之风。

不过大家注意哦，放在电饭锅上的蒸菜要选择本身没有特殊气味的食材，像鱼、虾、蟹等带腥味的食材是不适合放电饭锅上蒸的，会影响米饭的纯正味道。

掌握 三个窍门 保证你蒸出好滋味

在现实生活中，有很多人对蒸菜还停留在过去的传统观念里，认为蒸菜菜式简单，口感单一，无法满足吃货们求新、求变、求口感的心理，其实只要掌握一些关键步骤的制作技巧，蒸菜也能做出丰富的口感、新颖的造型。

根据多年蒸菜的经验，我认为蒸菜最重要的关键步骤就是腌制、调味和火候及时间的掌控。

◆关于腌制

很多蒸菜在蒸制前都要经过腌制这一步骤，这样便于入味。

· 肉类、禽类，是我们平时最常用的蒸菜食材，这些新鲜的肉禽类菜在蒸制前首先要做好前期材料准备工作，因为蒸菜是放上去一次蒸制完成的，所以最好先焯水，去掉血污和腥味，然后用盐、酒、酱油、生姜等调味料腌制拌匀，静置一段时间。

· 肉类的腌制时间最好长点，一般晚上调味拌匀，盖上保鲜膜，放在冰箱里一晚上，第二天蒸时容易入味。

· 鱼类在腌制去腥时一般只需加入盐、料酒、生姜，腌制1个小时左右，也可以选用柠檬汁。如果想吃暴腌的鱼类，可以腌制过夜，肉质会更加紧实。

◆调味因人而异

· 蒸菜我大多选择清蒸，加一些盐、姜汁或蒸鱼豉油调味即可，这样蒸出来的菜基本能保持菜品的本色和营养价值。

· 如果喜欢浓香味的，除料酒外，可以加些生抽酱油来调味；老抽酱油尽量少用，因为老抽酱油颜色深，只适合上色用。

· 如果喜欢重口味的，可以选择市场上瓶装的各类调味酱，如辣酱、海鲜酱、豆瓣酱、南腐乳等。如果喜欢再重口味的，也可以几种酱料一起拌入！

· 对于蒸菜，有一种特殊的调味料我不得不重点说说，因为有很多蒸菜会用到这个调味料，就是蒸肉米粉！

自制蒸肉米粉

蒸肉米粉在市场上有卖的，不过我建议大家自己炒制，方法非常简单:选择粳米一小碗，放在热锅里不停地翻炒，不要炒焦，炒至微黄并冒出香气即可，然后倒出放凉，倒进料理机里碾磨成细碎的粉状备用。还可以在粳米中添加茴香、桂皮、花椒、辣椒等调味料，一起碾磨成各种风味的米粉，蒸出来的菜口感更丰富。注意，因为鱼类嫩鲜，容易蒸熟，所以蒸鱼类的米粉要碾得细腻些。

◆火候及时间的掌控

蒸菜时间不同会影响菜品口感的好坏，所以时间的控制也是非常关键的步骤。

· 一般来说，肥腻的肉类菜可以多蒸些时间，比如干菜肉、粉蒸肉，蒸的时间越长越好吃，而且口感软烂，肥而不腻。

· 鸡、鸭等禽类则不同，蒸的时间太长，口感会变干、变柴，一般蒸至肉熟，筷子能插入无血色即可。

· 鱼、虾、蟹也不能蒸太长时间，蒸制时间太长就失去了海鲜的特殊口感，味道不鲜了。

· 新鲜的蔬菜类不适合久蒸，久蒸容易变色、变味，无论从颜色、造型、口感，还是从营养价值来说都不好。

· 炖品，特别是加了一些滋补食材的炖品，比如银耳、雪蛤、虫草等适合久蒸久炖，这样食材里面的营养成分才会慢慢释放出来。

· 现在市场上的电蒸箱都有固定的蒸制模式，只要一键就可以搞定，没有电蒸箱的家庭可以按照书中的蒸制时间来掌握。具体的时间我会在每一道菜品里说明，这些都是我经过长期实践得出的最佳蒸制时间，供大家参考。

接下来，就让大家和我一起开始健康、营养又美味的蒸菜之旅吧！

溢齿留香
好菜蒸出来

蒸出油而不腻的
肉酥禽香

　　每个家庭的餐桌上总有一道或浓香酥润或清鲜可口的肉菜。当热腾腾的霉干菜扣肉、木耳蒸猪蹄、淡菜蒸火腿、黑椒牛肉、腐乳凤爪、粽香排骨、黄芪乌鸡……从蒸箱或蒸锅中取出时，阵阵浓香四溢，挡不住的色香味浓，让味蕾与胃液蠢蠢欲动……

肉禽类蒸菜 蒸制攻略

　　一般家庭在做菜时，对于牛、羊、猪、鸭、鸡等肉禽类菜品，总是要花长时间炖煲；而用蒸制的方法既保留了肉菜的原味，又肉质酥香、油润不腻、皮韧肉酥不走形。

　　做肉禽类蒸菜，首先要做好食材的前期准备工作，一般都要先氽水，去血污和腻味，然后用料酒、酱油、生姜等调味料腌制，拌匀入味。

　　蒸大肉菜时，可以按四季时令，用新鲜荷叶、粽叶、玉米壳代替蒸布，这样更能为肉菜增添特有的清香，并去除腻味。平时可以将荷叶和玉米壳晒干，保存在冰箱里，待蒸菜时拿出来用水浸软即可。

　　关于腌制、调味、米粉的制作及蒸制时间的控制，可以参考前面的基础部分，再结合每道菜里面的具体操作，相信大家一定能做出香醇美味、油而不腻的肉禽类蒸菜。

① 药补不如食补 ｜ 石斛枸杞老鸭

"春江水暖鸭先知"——在江南水乡河道边，常常可见一群群鸭子在来回游弋嬉水，或扎入水里翘着屁股吃小鱼，或排成一长列悠然地来回看风景。鸭肉清凉滋补，是家庭日常餐桌上的主打食材之一，如果添加一样天然清热滋补的营养植物——石斛花，与鸭肉和黑木耳同蒸，则是一道四季皆宜的清热滋补养生菜品。

食材　石斛花 10 克、鸭 1 只、黑木耳 50 克、枸杞子 15 粒。

调味料　料酒 50 毫升、生姜 10 克、盐适量。

制作步骤

1. 准备原材料。
2. 将鸭洗净后切块，在开水锅里氽煮后捞出，沥干水分。
3. 黑木耳用清水浸泡开，摘成小朵。
4. 枸杞子浸洗，去杂质。
5. 石斛花用开水泡开。
6. 将黑木耳放盘底，鸭块放盘上面（因为黑木耳含有丰富的胶质，放在鸭肉下面可以使鸭肉的油水更好地滋润于黑木耳中，以便酥烂入味），倒入泡开的石斛花水约 150 克。
7. 撒上盐、料酒、生姜、枸杞子，放电蒸箱或蒸锅中蒸制即可。

最佳蒸制时间　电蒸箱（选肉类模式 100℃）或蒸锅蒸制 1 小时 20 分钟。

口味　这道滋补鸭汤没有药味，鸭酥汤醇，清香鲜美，清热滋补。

溢齿留香有话说

1. 将鸭先氽水是为了去除血污和腻味。鸭捞出后要用水冲洗一下，再用料酒腌制 15 分钟，这样蒸出来的鸭汤清醇无浮沫。
2. 鸭屁股有臊味，应事先切去。
3. 石斛花是近来很受欢迎的野生中药——铁皮石斛的花，色淡黄，无味，有清热去火、滋养美容的作用。可以在各大中药店和超市滋补品专柜买到，也可以到网上专营店购买。

② 鸭肚里面有乾坤 | 葫芦八宝鸭

第一次吃这八宝鸭，是我跟着父母到嘉兴外婆家去过年。当时这道红浓喷香的鸭子一上来就让我眼馋，可是端上来后外婆还不让吃。我很好奇地看外婆拿了一把剪刀，剖开鸭肚子。哇！满肚子的食材热气腾腾，浓香四溢，舀一勺里面的八宝料——红的火腿、青的豌豆、黄的笋丁、黑的香菇与糯米……吃一口，软糯、鲜香、油润。原来这八宝鸭肚里有那么多内容呀！做这道八宝鸭需要八种原料，除了火腿、虾仁、香菇，我自己在家做时还特别选择增加了时令的荸荠、金橘、冬笋、新鲜青豆、红枣，增加了健康的果味清香，并用荷叶包裹住，更添荷香清新，是一道吉祥的家宴菜。

食材 嫩鸭 1 只（1500 克），糯米 350 克，虾仁、冬笋、青豆、香菇、荸荠、火腿、红枣、金橘、小菜心、胡萝卜各适量。

调味料 盐、生抽、料酒、淀粉、白糖各适量。

制作步骤

1. 准备原材料。

2. 将嫩鸭杀洗后，剪去鸭脚，从鸭背脊部开口，用小刀取出鸭骨（这一步要小心、仔细操作，不要把鸭皮搞破了）。然后将去骨后的整鸭放在开水锅中稍余一下，去血污后捞出，洗净后用生抽、料酒涂抹鸭身，腌制备用。

3. 把糯米浸泡洗净，然后加水，上锅蒸熟。

4. 冬笋剥壳，在开水锅里焯一下后，切成笋丁。

5. 香菇在水里泡涨后，去菇蒂，切成香菇丁。

6. 虾剥壳，取虾肉，去虾肠线后切成虾丁，加料酒、淀粉腌制。

7. 火腿切成丁。

8. 金橘去核，切小块；新鲜荸荠去皮，切成荸荠丁。

9. 红枣浸泡后去核，切小块。

10. 热锅，放入猪油，将冬笋、香菇先入油锅煸香，然后倒入青豆、虾肉翻炒，再将红枣、金橘、荸荠倒入，放生抽、白糖、盐调味翻炒匀。最后放入糯米饭，拌匀成八宝鸭葫芦馅。

11. 将馅料灌入鸭肚子里，用牙签将鸭子开口封住，并把鸭头塞进去一半。

12. 如果开口大了些，可用牙签将开口鸭皮扎住，在翅膀处用棉布带子扎紧，把鸭做成葫芦形，再将鸭用荷叶包住，用电蒸箱或蒸锅蒸熟即可。

13. 将蒸熟的八宝葫芦鸭移到盘中，原蒸制的汤卤倒入锅中，加酱油、水淀粉勾薄芡，淋上麻油，浇在八宝葫芦鸭身上。另外准备一些小菜心，在开水锅里焯水后捞出切半，胡萝卜切成元宝形，围在八宝葫芦鸭边即可。吃时，趁热拔去牙签，挑开鸭肚即可食用。

最佳蒸制时间 电蒸箱（选肉类模式100℃）或蒸锅蒸1小时。

口味 鸭子油润浓鲜，八宝原料软糯，滋味丰富。

溢齿留香有话说

1. 我这里做的鸭子是去鸭大骨的，是为了做成葫芦形外观。去鸭骨头很花时间，而且需要一定的技术，所以一般家庭也可以不去鸭骨，直接将八宝料塞进鸭肚子里就可以了。

2. 鸭子去骨后要在开水锅里氽一下，可以去鸭臊味，并使鸭子遇热饱满，涨大成型。

3. 鸭屁股上有两颗臊腺，一定要剪挖清除，或者将整个鸭屁股切去。因为我做的是葫芦形所以是挖去臊腺，留着鸭屁股。

4. 糯米一定要事先在水里浸涨，这样蒸时不容易夹生。

5. 八宝料最好事先炒熟，这样放入鸭肚里容易入味、快熟。

6. 鸭肚子开口可用牙签封住的，也可以用纯棉线封口，这样糯米和八宝料不会漏出来。封口时，要将牙签穿插扎住，大小均匀，平整一些。

7. 在鸭身上扎成葫芦形的线一定要选纯棉的，不能用化纤、尼龙等不健康的绳子扎。

③ 夏天的迷人味道 ｜ 荷叶粉蒸鸡翅

初夏的池塘，碧绿的荷叶随风摇摆，粉红的荷花飘香。每到夏日，我总是早早地在上班前去西湖边，因为碰巧就可以看到园林船工一前一后地在西湖荷花边游弋，采摘纯正的西湖莲蓬和荷叶。在西湖断桥边，游人和市民排着长队，一元三张绿荷叶，两元三只莲蓬头，买了绿荷叶当遮阳帽，新鲜莲蓬现剥现吃，而我则闻着荷香拿着大大的荷叶，带回家做荷叶粥、荷香肉、荷叶鱼啦！我的家人特别喜欢吃鸡翅，白嫩的鸡翅用绿荷叶紧紧包裹，蒸汽悄悄地渗入，鸡翅与炒香现磨的米粉在荷叶中相依相恋，而我和家人则享受着夏日荷香的迷人滋味。

食材　荷叶 2 张、鸡翅 400 克、粳米 450 克。

调味料　料酒 30 毫升、生抽 200 毫升、生姜 1 块、盐 3 克。

制做步骤

1. 准备原材料。
2. 将鸡翅洗干净后划切几刀，再加入料酒、生抽、姜丝、盐拌匀，腌制 15 分钟。
3. 将粳米倒入锅里炒香，放到料理机里打成米粉。
4. 荷叶在淡盐水里浸洗一下，然后切成小张。
5. 把米粉倒入腌制过的鸡翅里，拌匀。
6. 荷叶片摊在案板上，将裹着米粉的鸡翅放在荷叶上。
7. 用荷叶卷包住鸡翅，一只只排放在电蒸箱或蒸锅里蒸熟即可。

最佳蒸制时间　电蒸箱（选肉类模式 100℃）或蒸锅（大火）蒸 30 分钟。

口味　荷香浓郁，鸡翅粉糯，别具风味。

溢齿留香有话说

1. 将鸡翅洗干净后划切几刀是为了更入味。
2. 用料理机打制米粉，可以根据自己的口味，把米粉打成细末或颗粒状。
3. 没有新鲜的荷叶，可以用干荷叶代替，但是要在开水里浸软洗净后用。
4. 因为新鲜荷叶是在池塘里现摘的，难免沾染飞虫、杂质、浮尘，所以要用淡盐水清洗一下。
5. 荷叶要对角剪成三角形，这样将鸡翅包起来时不容易松散。
6. 我喜欢把新鲜荷叶剪成一片片，做成一只只独立的小包装。如果怕麻烦，也可以把整张荷叶铺在蒸笼里，鸡翅排放在荷叶上面再包住蒸熟。

❹ 给你美丽容颜 | 腐乳凤爪

　　凤爪是我们家的当家下酒菜，家里人都特别喜欢吃凤爪，烧、煮、蒸、炸，我总是变着法来回做。特别开心的是在杭州市一次民间下酒菜大赛上，我做的一道"螺凤戏水"过关斩将，最后夺得杭州市民间下酒菜大赛冠军。这胶原蛋白含量多多的凤爪，不仅是男人的下酒菜，也是女人的美容菜，我利用家里早餐用的红腐乳，配合凤爪一起蒸，做出的这碗腐乳凤爪，品相红润，常吃还能美容养颜！

🍲 **食材**　凤爪 500 克、红腐乳汁 400 克。

🥄 **调味料**　料酒 30 毫升、盐 2 克、白糖 3 克、生姜 2 克。

📋 **制作步骤**

1. 准备原材料。
2. 将凤爪甲尖剪去，放入开水锅里汆煮一下后捞出。
3. 将捞出的凤爪放入盘中，加入料酒、生姜腌制 15 分钟。
4. 然后倒入红腐乳汁、白糖、盐拌匀浸透，放电蒸箱或蒸锅中蒸制即可。

⏲ **最佳蒸制时间**　电蒸箱（选肉类模式 100℃）或蒸锅蒸 20 分钟。

🍽 **口味**　凤爪酥糯，红亮浓鲜。

🍱 **溢齿留香有话说**

1. 如果在凤爪的爪心厚肉上划一刀更容易入味。
2. 凤爪汆水后捞出，用冷水冲凉，吃起来更有韧性、更糯。
3. 如果想更入味、快熟，还可以将凤爪对半切开腌制。
4. 腌制时，红腐乳汁要没过凤爪，这样凤爪的腐乳汁味才香浓。
5. 红腐乳汁可以用瓶装的红腐乳汁，也可以将红腐乳拿出几块捣碎，加上腐乳汁调匀而成。因为红腐乳有点咸，所以要放适量白糖调味增鲜。

⑤ 滋补自有鸡味浓 | 黄芪菌菇蒸鸡

鸡是最家常的温补菜品，无论春夏秋冬，妈妈的一锅醇鲜温补的鸡汤煲总是最暖心暖胃的。在这一盆热腾腾的养生鸡煲里面，食材不需要很多，但是要求食材新鲜、时令，做法上讲究清鲜味！在这锅养生鸡煲中，黄芪性温，补脾益气，再添些新鲜美味的菌菇、补血养颜的红枣，采用蒸制的方法更是方便、简单又原汁入味。

🍲 **食材** 鸡 1 只、红枣 10 颗、菌菇 100 克、黄芪 15 克。

🧂 **调味料** 料酒、盐、生姜适量。

📋 **制作步骤**

1. 准备原材料。
2. 黄芪片、菌菇浸洗一下。
3. 红枣泡发。
4. 将鸡杀洗干净后，放入开水锅里，加生姜片，略汆一下去血污，捞出。
5. 鸡捞出放在蒸碗里，将红枣、黄芪、菌菇铺撒在鸡周围，加料酒、盐、少量清水，用电蒸箱或蒸锅蒸制即可。

🕐 **最佳蒸制时间** 电蒸箱（选肉类模式 100℃）或蒸锅蒸 30 分钟。

🍴 **口味** 鸡肉嫩香，红枣软甜，菌菇、黄芪滋补入味。

📖 **溢齿留香有话说**

1. 蒸鸡可以整只，不过切成小块更容易蒸熟、入味，还可以缩短时间。
2. 蒸前把鸡放在开水锅里汆一下，去除血污和浮沫，使蒸出来的鸡清醇。
3. 黄芪片应事先在清水中浸泡，去除杂质，但不能用热水浸洗以免营养流失。
4. 我选用的是黄芪，每个人可以根据实际条件换成人参、山药等，也均有滋补效果。

❻ 异域风味的家常鸡翅 | 咖喱鸡翅

　　喜欢咖喱是去了东南亚旅游之后，感觉咖喱做的饭菜特别浓香、下饭。现在超市里有现成的咖喱浓缩膏卖，我在家里也经常做一些咖喱菜，这道咖喱鸡翅属于"快手咖喱下饭菜"。鸡翅吃完了，剩下香浓的咖喱汤必须用来拌米饭，绝对是"浓香、下饭，再来一碗"的菜品。

🍲 **食材**　咖喱膏 1 盒、鸡翅 500 克、胡萝卜 100 克。

🧂 **调味料**　料酒、生姜适量。

📋 **制作步骤**

　1. 准备原材料。
　2. 将鸡翅洗干净后，在上面划切几刀。
　3. 将料酒倒在鸡翅上，加上姜丝，揉搓后腌制 20 分钟。
　4. 咖喱膏用水调稀成糊。
　5. 胡萝卜切块备用。
　6. 将调好的咖喱倒在鸡翅上拌匀。
　7. 将胡萝卜、鸡翅放入电蒸箱或蒸锅中蒸熟即可。

⏱ **最佳蒸制时间**　电蒸箱（选肉类模式 90℃）或蒸锅蒸 15 分钟。

🍽 **口味**　鸡翅浓香，汤汁味浓。

📖 **溢齿留香有话说**

　1. 在鸡翅上划切几刀是为了更容易入味。
　2. 如果用咖喱粉调咖喱汁，还需要加香茅草、椰子汁和牛奶，这样能更添咖喱浓香。
　3. 蒸熟后不要马上揭盖，关火后焖几分钟更香浓。
　4. 用吃完鸡翅后的咖喱汁拌饭，别有一番滋味。

⑦ 补血养颜一锅蒸 ｜ **红枣菌菇蒸乌鸡**

　　第一次吃乌鸡是到浙江江山旅游，在当地饭店吃饭，看着有一大盆鸡汤，捞起来却是乌黑的鸡肉，当时还真不敢吃，朋友说这是有名的江山乌骨鸡，滋阴补肾、清热健脾，我才大着胆子吃肉喝汤，还真是鸡肉嫩香、汤汁鲜美！后来我在菜市场里见到有卖的，就每月都要买回一只，加点菌菇、红枣蒸着吃。女人就是要对自己好一点！

食材　乌骨鸡 750 克、菌菇 100 克、红枣 10 颗、枸杞子适量。

调味料　盐 5 克、料酒 30 毫升、生姜 1 块。

制作步骤

1. 准备原材料。
2. 将乌骨鸡洗干净后剁成块，然后加入料酒、姜片腌制 20 分钟。
3. 红枣在水里浸泡清洗。
4. 菌菇洗后切段。
5. 枸杞子用清水浸泡清洗。
6. 把鸡块放在蒸碗里，加入姜片、红枣，放入电蒸箱或蒸锅（大火）蒸 1 小时。
7. 等肉香枣软时，放入菌菇段、枸杞子和盐，再放入电蒸箱或蒸锅（大火）蒸
   10 分钟即可。

最佳蒸制时间　分 2 次蒸制，第 1 次电蒸箱（选肉类模式 100℃）或蒸锅
蒸 1 小时，第 2 次同样模式蒸 10 分钟。

口味　鸡肉鲜嫩，菌菇、红枣滋补，常吃能滋阴补血、养颜美容。

溢齿留香有话说

1. 乌骨鸡全身都是宝，所以蒸制时可以适量放一点清水在蒸盘中，使鸡肉连骨
   头都蒸酥最佳，还可以喝鸡汤滋补。
2. 提前浸泡红枣是为了蒸时软香熟透。
3. 菌菇和枸杞子容易熟，等到鸡肉蒸熟后再放进去稍蒸一会儿即可。

⑧ 母亲的拿手菜 ｜ 霉干菜蒸肉

　　小时候，在杭州的街巷里常会见到一位头戴乌毡帽，挑着一担子醉方腐乳和霉干菜的绍兴大伯沿街叫卖，"绍兴霉干菜、霉腐乳卖啦！"顺着吆喝声，母亲就和隔壁阿姨、奶奶们一起走出大院，抓起绍兴大伯担上的霉干菜闻闻尝尝，满意的话就买两袋回家，晚上家里就会有浓麻油润的霉干菜蒸肉吃啦！现在街巷里已经没有老农走街串巷挑担叫卖了，但在农贸市场里还可以发现从绍兴农家来的直销摊点，霉干菜、腐乳等等土菜应有尽有。想吃时就去买两斤当年的霉干菜回家，配着上好的五花方肉，蒸一碗咸鲜酥香的霉干菜蒸肉。我平时不吃肥肉，可是这霉干菜蒸五花肉，咸鲜油润，肥而不腻，解馋下饭，吃了还想再添一碗饭的哦！

📋 **食材** 霉干菜 500 克、五花肉 1000 克。

🍶 **调味料** 冰糖 50 克、料酒 30 毫升、酱油 150 毫升、生姜 1 块。

📖 **制做步骤**

1. 准备原材料。
2. 将五花肉切成方块形，先入锅里，加几片生姜煮开，去血污后捞出。
3. 再用刀把五花肉切成一条条长条，洒些料酒腌制 20 分钟，再将酱油涂抹在五花肉上，浸渍 30 分钟。
4. 霉干菜用水浸洗一下。
5. 霉干菜切成干菜碎，放在碗里，上面加一些碎冰糖，放在电蒸箱或蒸锅里蒸 20 分钟至熟软。
6. 然后把少量霉干菜铺放在碗底。
7. 上面放上五花肉块，肉皮朝下，最后再在肉上盖满霉干菜。
8. 把碗放入电蒸箱或蒸锅里蒸制，等肉香霉干菜熟时，拿出蒸碗倒出即可。

⏱ **最佳蒸制时间** 分 2 次蒸制，第 1 次电蒸箱或蒸锅蒸 20 分钟，第 2 次电蒸箱（选肉类模式 100℃）或蒸锅（大火）蒸 1 小时 30 分钟。

🍽 **口味** 咸鲜油润、肥而不腻。

📖 **溢齿留香有话说**

1. 霉干菜最好选整株的嫩菜，这样吃起来没有菜渣，口感嫩鲜。如果用另一种笋干菜会更有嚼味。
2. 五花肉切成正方形太厚，不容易入味，所以除了将肉切成条状，可以在肉皮上扎些小洞或切划十字刀，使得肉更快蒸熟入味。
3. 平时在家里做时也可以不用扣肉的造型，把五花肉切成片状，放调味料腌透，再加霉干菜蒸制，更容易吸收入味。
4. 因为霉干菜本身已经很咸了，所以加些冰糖先蒸一下，可以调味添鲜。

⑨ 白里透红从这里开始 | **木耳莲子蒸猪蹄**

　　每个女人对自己的容颜肤色最在乎了，总是心甘情愿地把大把时间和金钱花在化妆品上。其实我一直认为，人的美丽是由内而外的，外在的滋润护肤是需要的，但是我更喜欢食补的营养健康，所以对于富含胶原蛋白的猪蹄、凤爪，更是每周必买，红烧、清炖、蒸、煮、卤、熏，尤其是清蒸、炖煮，我相信，长期坚持，一定会吃出由内而外的美丽容颜！

🍽 **食材** 猪蹄 2 只、木耳 10 朵、莲子 30 克、花生 50 克。

🧂 **调味料** 料酒 100 毫升、盐 5 克、生姜 1 块。

🍳 **制作步骤**

1. 准备原材料。
2. 将猪蹄剁成块，放入加了姜片的开水锅里煮一下，氽去血污后捞出，冲洗干净。
3. 花生、木耳用清水涨发。
4. 莲子提前一天用水浸开。
5. 将猪蹄放在蒸盘上，放入姜片，倒入料酒，翻拌均匀，然后把莲子、木耳、花生散放在猪蹄四周。
6. 最后倒入 250 毫升清水在盘中，用电蒸箱或蒸锅蒸制，熟后加盐即可。

⏰ **最佳蒸制时间** 放入电蒸箱（选肉类模式 100℃）或蒸锅（大火）蒸 1 小时 20 分钟。

🍴 **口味** 清补润肤，酥烂不腻。

☕ **溢齿留香有话说**

1. 猪蹄在开水锅里氽煮后，捞出时要用清水冲洗一下去掉浮沫，并拔去猪蹄上的猪毛。
2. 在最后蒸制时，加至食材一半高的水是为了使猪蹄更快熟透酥烂。
3. 干莲子、干木耳要提前泡发，这样容易蒸酥烂。如果是新鲜莲子和鲜木耳就洗干净直接放入蒸就可以了。
4. 如果喜欢浓香味、重口味的，可以加入适量的生抽调味，就成为红油浓味的蒸猪蹄了。

⑩ 当排骨遇到粽叶 | 粽香排骨

有一种回味叫做粽香。小时候是过年了才有粽子吃，现在超市里什么都有卖的，粽叶也有，想吃就可以包一些小小的糯米排骨过瘾。在郊外野游时，也经常可以看到绿绿的粽叶，征得当地人同意后可以采摘一些叶子回来做竹蒸笼上的蒸垫，粽香浓郁，用来包糯米排骨别有风味，排骨的油汁使糯米更入味，一卷卷直筒筒的糯米排骨酱香软糯，青绿的粽叶更为糯米排骨平添了特有的清香！

食材　排骨 500 克、粽叶 100 克、糯米 400 克。

调味料　料酒 50 毫升、生抽 400 毫升、盐 2 克。

制作步骤

1. 排骨冲洗干净，放入酒、生抽、盐拌匀，放置 4 小时入味。
2. 将糯米淘洗后，在水里浸泡一晚上。
3. 粽叶浸入温水中洗干净。
4. 将糯米和排骨拌匀。
5. 将一张粽叶平铺在案板上，放上糯米和排骨。
6. 把粽叶从一头慢慢卷紧，包住排骨糯米，然后挨个排放在盘中。
7. 放入电蒸箱或蒸锅蒸熟即可。

最佳蒸制时间　电蒸箱（选肉类模式 100℃）或蒸锅蒸 1 小时 20 分钟。

口味　酱香软糯，粽叶清香。

溢齿留香有话说

1. 把排骨放在调味料里浸泡的时间最好长一些，这样调料很入味，排骨蒸出来有特别的酱香！
2. 糯米应事先浸泡一晚上，这样蒸后不容易夹生，更糯更黏。
3. 排骨不要太瘦，最好是油肉相间的小排，这样蒸出来的排骨更滋润入味。
4. 如果感觉一只只小包装地卷麻烦，也可以将粽叶铺在蒸箱或蒸笼底，一层糯米一层排骨平摊在粽叶上，然后再蒸制。不过我个人感觉小包装的更入味。

⑪ 红茶子排暖心胃 | **茶味子排**

　　平时我喜欢喝清香的果茶，胃不舒服时就会泡一杯红茶暖暖胃，那么就用这浓醇的红茶与猪肋排相融入味，去腻增香，温暖你我吧！

　食材　猪肋排 500 克、红茶 10 克。

　调味料　料酒 30 毫升、淀粉 3 克、生抽 20 毫升、盐 2 克、白糖 2 克、生姜适量。

制作步骤

1. 准备原材料。
2. 将排骨冲洗一下，加料酒、盐、姜片腌制 20 分钟。
3. 再加生抽、白糖、淀粉拌匀。
4. 红茶加开水泡开，滤出茶水。
5. 将红茶水倒入排骨里拌匀，腌制 20 分钟。
6. 将腌制入味的红茶排骨放入电蒸箱或蒸锅蒸制。

最佳蒸制时间　电蒸箱（选肉类模式 100℃）或蒸锅蒸制 30 分钟。

口味　排骨酥香，茶香浓郁。

溢齿留香有话说

1. 茶水有解腻作用，刚好去除了排骨的油腻。
2. 蒸排骨时茶水可以多倒一些进去，更容易增加茶香味。

⑫ 乡下土灶里的味道 | 酱香萝卜蒸排骨

在烹饪中，各式酱料是最能增香提味的。这道酱香萝卜蒸排骨采用乡下土灶的做法，用豆瓣酱做腌制调味料，萝卜的水润充分吸收了排骨的酱香，蒸出来的萝卜酥烂，排骨浓香，清火又入味。

🍲 **食材** 猪排骨 500 克、萝卜 400 克。

🧂 **调味料** 料酒 20 毫升、生抽 20 毫升、豆瓣酱 200 克、白糖 5 克、生姜适量。

📋 **制作步骤**

1. 准备原材料。
2. 将萝卜刨去皮，切成薄圆片。
3. 猪排骨冲洗一下沥干，加料酒、生姜片腌制 20 分钟。
4. 然后在排骨上倒上豆瓣酱、生抽、白糖，搅拌抓匀，入冰箱静置半天入味。
5. 把切好的萝卜片平铺在盘底。
6. 将腌入味的酱排骨放在萝卜片上面，淋入适量清水。
7. 最后放入电蒸箱或蒸锅蒸熟即可。

⏱ **最佳蒸制时间** 电蒸箱（选肉类模式 100℃）或蒸锅蒸 30 分钟。

🥢 **口味** 萝卜酥烂，排骨酱香浓郁。

📖 **溢齿留香有话说**

1. 排骨放入豆瓣酱和生抽后要抓捏拌匀，夏天放入冰箱腌制时间长一点，最好放到第二天再蒸，这样入味、浓香。
2. 我这里用的是豆瓣酱，也可以根据自己的口味换成辣酱、海鲜酱等，一样浓鲜入味。
3. 蒸制时稍加点清水，可以使萝卜排骨更润泽酥透。

⑬ 牛腩红酒两相悦 | **红酒牛腩**

　　烛光点点，音乐萦绕，品味红酒，享受美味。这道蒸菜用红酒与牛腩搭配，最适合在家里与亲密爱人把酒品味、享受浪漫的甜蜜时光……

食材　牛腩 500 克、胡萝卜 1 根、洋葱 1 个。

调味料　红酒 100 毫升、生抽 10 毫升、老抽 10 毫升、盐 2 克、白糖 3 克、香叶 1 张、淀粉 3 克、胡椒粉 1 克、生姜适量、色拉油少许。

制作步骤

1. 准备原材料。
2. 将洋葱洗净切片；胡萝卜去皮，切成滚刀块。
3. 牛腩切成小块。
4. 锅里水开后放入生姜片，把牛腩倒入余煮一下。
5. 牛腩余至去血污后，捞出冲洗一下，沥干后放入盘中。
6. 把红酒倒入牛腩中，并加入少许色拉油、淀粉、香叶、胡椒粉拌匀。
7. 将红酒牛腩放入电蒸箱或蒸锅中蒸 1 小时。
8. 把胡萝卜、洋葱放入牛腩中，加生抽、老抽、盐、白糖再蒸 10 分钟入味。

最佳蒸制时间　分 2 次蒸熟，第 1 次电蒸箱（选肉类模式 100℃）或蒸锅蒸 1 小时，第 2 次蒸 10 分钟。

口味　牛肉酥烂，酒香入味。

溢齿留香有话说

1. 牛腩可以切小块，这样容易熟透。
2. 牛腩在蒸前倒入色拉油和淀粉拌匀，可以使牛肉不容易蒸老。
3. 红酒在蒸制牛腩过程中酒香散发了，所以在最后加胡萝卜和洋葱时，可以再加少量红酒。
4. 喜欢洋葱和胡萝卜生脆一些的，可以等牛腩差不多熟了再把它们放进去蒸，否则就把洋葱和胡萝卜与牛腩一起蒸至酥烂。

⑭ 你的椒香我的爱 ｜ 黑椒牛肉

牛肉一直是强健身体、补充体力的最佳食材，我们家宝贝最喜欢吃牛肉，红烧、生煎、铁板、清炖……样样喜欢。但是一次吃太多大块牛肉不容易消化，所以这道黑椒牛肉是用小牛肉丁，用调味料拌腌好蒸制，没有油烟，椒香诱人。

🍲 **食材**　牛肉 500 克、洋葱 1 个、红椒 1 只。

🧂 **调味料**　黑胡椒 3 克、料酒 30 毫升、生抽 30 毫升、盐 2 克、白糖 5 克、色拉油 10 毫升、淀粉 3 克、姜 1 块。

📋 **制作步骤**

1. 准备原材料。
2. 将牛肉清洗后，切成小丁，加料酒、姜片，放入开水锅里汆煮一下捞出。
3. 加入料酒、生抽、盐、姜片拌匀。
4. 加入淀粉、盐、色拉油抓匀。
5. 最后加黑胡椒粉、白糖拌匀腌制 30 分钟。
6. 洋葱切小块。
7. 红椒切小块。
8. 将洋葱、红椒放在牛肉上，放入电蒸箱或蒸锅中蒸熟即可。

⏱ **最佳蒸制时间**　电蒸箱（选肉类模式 100℃）或蒸锅蒸 1 小时 20 分钟。

🍳 **口味**　牛肉酥嫩，椒香浓郁。

🍱 **溢齿留香有话说**

1. 牛肉加淀粉和色拉油拌匀，可以使牛肉缩住水分，口感更嫩滑。
2. 牛肉要切成小丁，容易蒸熟。
3. 蒸制时除了常用的料酒，也可以用啤酒、红酒代替，更有风味。

⑮ 共产主义的生活 | **茄汁土豆牛肉**

土豆烧牛肉可是小时候的一道大菜呢！因为当时猪肉凭票供应，吃牛肉更是梦想着只有到了共产主义社会才能实现的美味！记得那时候在杭州老牌的海丰西餐厅第一次吃到土豆烧牛肉，真是浓香而美味呀！现如今，牛肉、牛排、全牛宴随处可见，但我还是特别怀念土豆烧牛肉的滋味，所以常常买来大块牛肉与土豆、番茄酱一起蒸，酸鲜可口，浓香入味。

🥘 **食材** 牛肉 600 克、土豆 250 克、洋葱 1 个、胡萝卜 1 根。

🧂 **调味料** 番茄酱 300 克、料酒 20 毫升、生抽 10 毫升、盐 2 克、生姜 1 块。

📋 **制作步骤**

1. 准备原材料。

2. 将洋葱洗后切开；胡萝卜削去外皮，切块。

3. 土豆削去外皮，清洗一下，切成滚刀块。

4. 牛肉切成块。

5. 将牛肉块放入锅里稍煮后捞出，冲洗去血污。

6. 倒入料酒去腥。

7. 把切好的洋葱、胡萝卜、土豆铺在蒸碗底，上面放牛肉块。

8. 撒上盐，倒入番茄酱。

9. 倒入生抽，拌匀后放置 20 分钟，加少量清水，放入电蒸箱或蒸锅中蒸制。

⏱ **最佳蒸制时间** 电蒸箱（选肉类模式 100℃）或蒸锅蒸 1 小时 30 分钟。

😋 **口味** 牛肉酥香，土豆软绵，酸鲜入味。

🍽 **溢齿留香有话说**

1. 牛肉最好选牛腩肉，并切小块，这样容易蒸透。

2. 在蒸制时适量加些清水，可以使食材熟透。

3. 如果家里没有番茄酱，也可以放入一些切碎的新鲜番茄块同蒸。

溢齿留香
好菜蒸出来

二 蒸出嫩香滋润的
鱼鲜蟹美

　　鱼是鲜嫩又营养的食材，最新鲜的鱼总是用"蒸"的方法来制做的，以保持鱼的真味又不破坏鱼的形状。当微微摆尾的鲜活鱼儿洗杀摆盘，可以简单地只撒几根葱丝、切几片火腿清蒸，鱼肉白嫩，清鲜极致；而让鱼儿浸润于红浓酱香之中又是一番好滋味。酸甜红润的香辣鱼头，夹一块吃，嫩鲜开胃；白白嫩嫩的蝴蝶鱼片与鲜润爽滑的鸡蛋虾羹，更是老少皆宜的营养好菜；家宴餐桌上，年年有鱼年年高，孔雀花开鱼蒸来……

鱼虾类蒸菜蒸制攻略

　　鱼类蒸菜首先要保证选择的鱼鲜活、现杀，最好当天买当天蒸，不过夜。如果用盐涂抹一下做暴腌鱼，可以放冰箱一晚，第二天最好蒸着吃完。

　　因为家里的蒸箱和蒸笼一般都比饭店的尺寸小，所以蒸全鱼菜时最好选择 600 克左右一条的鱼为宜。在鱼背上斜切三刀更容易入味、快熟。一般 600 克左右的各类清蒸鱼，大火或蒸箱 100℃ 8 分钟即可蒸熟。

　　蒸鱼最重要的是去鱼腥，鱼杀洗好后要去除鱼肚里最腥味的黑鱼膜。如果一不小心把鱼胆挖破了，可以用料酒或小苏打水快速洗一下，去除苦味。

　　为了保持鱼肉的嫩鲜，蒸鱼时要等锅里的水烧开后再放入鱼蒸制。鱼的花式菜由于是鱼切片或鱼卷，所以蒸的时间应该更短一些，以免鱼肉蒸老了。

　　鱼蒸好后，最好不要马上开盖，关火后再虚蒸几分钟更好。

　　总之，蒸鱼虾的关键是控制时间，不可蒸制时间过长，这样才能保证鱼虾类菜的鲜美嫩滑。此外，食材新鲜也是很关键的，这点在前面基础部分已提到，大家可以仔细看看。

❶ 鱼在酒酿里醉了 │ **酒酿蒸鲫鱼**

　　鲜活的鲫鱼，怀里包裹着油润的猪肉，甜润的酒酿为这道蒸鱼平添鲜嫩的口感。鱼肉之爱，二味合一，添上浓浓醇香的酒酿味道，温补"蒸"滋味!

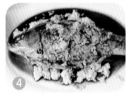

食材　鲫鱼 500 克、酒酿 300 克、肉末 200 克。

调味料　姜 1 块、葱 5 克、蒸鱼豉油 20 毫升、生抽 10 毫升、盐 2 克。

制作步骤

1. 准备原材料。
2. 将肉末加酒酿、盐、姜末、葱末，搅拌成肉馅。
3. 将鲫鱼洗杀净，抹干水分，把调好味的肉末填进鱼肚子里按平，不要放太多，以免不熟。
4. 将甜酒酿散放于鱼四周，浇淋生抽和蒸鱼豉油。
5. 将鱼盘放入电蒸箱或蒸锅中蒸熟，然后取出，在鱼身上放葱丝、红椒丝，浇上热油即可。

最佳蒸制时间　电蒸箱（选鱼类模式 100℃）或蒸锅蒸 12 分钟。

口味　鱼嫩肉鲜，酒香扑鼻。

溢齿留香有话说

1. 因为酒酿本身有甜味和酒香，所以蒸鱼时就不要再放糖和酒了。
2. 肉末也可以按各人口味加点酱油或胡椒粉调味添色。
3. 葱丝最好蒸好后撒上去，不然蒸黄就无葱香味了。
4. 因为鲫鱼肚里面装有肉末，填装好后要在鱼肚上按压几下，蒸时比一般蒸鱼时间多几分钟。

② 浪里白条鱼卷来 ｜ 碧波浪花天香鱼

　　我很喜欢吃鱼，在做全鱼蒸菜时，也喜欢做一些花式鱼菜，特别是家宴菜品。我选用江南特有的新鲜冬笋、杭州本地芹菜、浙江庆元香菇、浙江金华火腿和杭州本地的鲜活黑鱼为食材，做了一道江南原汁鱼菜——碧波浪花天香鱼。这道菜在新浪美食频道举办的"2009全球华人博友年菜百家宴"上荣获"江南帮最经典年味菜"奖！

食材 黑鱼 750 克、冬笋 250 克、芹菜 100 克 、胡萝卜 1 根、香菇 2 只、火腿 3 片、小菜心若干。

调味料 生姜 1 块、料酒 50 毫升、淀粉 5 克、盐 2 克。

制作步骤

1. 准备原材料。

2. 将黑鱼杀洗好，片成两片鱼片，然后切成蝴蝶鱼片，放入料酒拌匀，腌制 20 分钟。

3. 火腿片切丝；芹菜、冬笋、胡萝卜切段，在开水里焯一下捞出；香菇泡发好，煮熟切丝。将焯好、切细的芹菜丝、冬笋丝、胡萝卜丝、香菇丝，撒上盐拌匀。把蝴蝶鱼片摊开，里面涂上淀粉，然后把调好味的芹菜丝、冬笋丝、胡萝卜丝和火腿丝放在鱼片上包成鱼卷。

4. 然后把一个个鱼卷排放在蒸盘上，放入电蒸箱或蒸锅里蒸制 5 分钟。

5. 切下来的鱼头和鱼尾放进开水锅里，小火慢慢烫熟后，摆在盘子两端。把蒸好的鱼卷排放在鱼头尾中间，用焯过水的小菜心围边，拼接成一条碧波浪花天香鱼。另起油锅，加盐勾薄芡，浇淋在鱼身上即可。

最佳蒸制时间 电蒸箱（选鱼类模式 90℃）或蒸锅（水开后）蒸 5 分钟。

口味 鱼卷嫩鲜，菜丝清鲜。

溢齿留香有话说

1. 黑鱼的肉质紧实，选用黑鱼做鱼卷不容易卷断。

2. 黑鱼头尾是用来装饰的，所以也可以先蒸熟，这样不会破坏鱼头、鱼尾的形状。

3. 因为鱼片比较嫩，蒸的时间不能长，芹菜丝、冬笋丝、胡萝卜丝、香菇丝要提前焯熟，这样鱼卷既快熟又不会蒸老。

4. 用蒸鱼后的汤汁勾薄芡，原汁原味。

❸ 木耳与鱼的真情告白 | **木耳蒸黄鱼**

　　爱美是女人的天性，拥有婀娜多姿的身材可以让女人快乐而自信，所以，具有清肠排毒减脂功效的黑木耳一直是我做菜时常备的原料。乌黑的黑木耳在清水中慢慢浸润，舒展轻柔的身姿，朵朵开放，鲜嫩的黄鱼被黑木耳亲密簇拥，常吃让你美丽又妖娆！

食材　黄鱼 500 克、黑木耳 8 朵、火腿 1 块。

调味料　料酒 10 毫升、生姜 1 块、盐适量。

制作步骤

1. 准备原材料。
2. 将黑木耳用清水浸泡涨发，洗去杂质。
3. 生姜切成丝，火腿切成片。
4. 黄鱼去鱼鳞，挖去内脏、鱼鳃，洗干净，沥干。
5. 在洗好的黄鱼身上划切几刀，放些姜丝，倒入料酒，腌制 15 分钟。
6. 然后把火腿片夹在鱼身上，黑木耳散放在鱼两边，撒上姜丝和盐，放入蒸箱或蒸锅蒸制即可。

最佳蒸制时间　电蒸箱（选鱼类模式 90℃）或蒸锅蒸 10 分钟。

口味　黄鱼鲜嫩，黑木耳软糯。

溢齿留香有话说

1. 黑木耳要事先在水里浸泡涨开，因为蒸鱼时间短，如果黑木耳浸泡时间短不容易酥糯。
2. 蒸制时间要看鱼的大小灵活设置，一般 8 ~ 10 分钟。
3. 因为家里的蒸锅或蒸盘不可能像酒店的那样大，最好选择 600 克左右的黄鱼，如果太大可以切开，分段蒸制。

④ 鲜的极致是无为 | 雪菜汁黄鱼

　　我非常佩服宁波人对海鲜的处理态度，他们一般不做复杂的加工，就能调动海鲜本身的鲜味。比如这道雪菜汁黄鱼，只是简单地加点雪菜，随着蒸制时间的变化，雪菜的汤汁渐渐融入鱼肉中，渗透浸润，鱼肉变得更加紧实，黄鱼本身的鲜味就这样被推到了极致。

食材　黄鱼 650 克、雪菜 250 克。

调味料　料酒 50 毫升，葱、姜各适量。

制作步骤

1. 准备原材料。
2. 将黄鱼洗杀干净，在鱼身上划切几刀。然后倒入料酒腌制 15 分钟。
3. 生姜切丝、葱切末。
4. 雪菜切碎末。
5. 把黄鱼放盘中，上面撒一些雪菜末，淋入雪菜汁，撒上葱末、姜丝。
6. 将鱼盘放入电蒸箱或蒸锅蒸制即可。

最佳蒸制时间　电蒸箱（选鱼类模式 90℃）或蒸锅蒸 10 分钟。

口味　鱼肉紧实，咸鲜味浓。

溢齿留香有话说

1. 黄鱼要买新鲜的。挑选时用手摸鱼身，如果没有掉色就是真黄鱼！
2. 雪菜可以买超市里宁波产的小包装雪菜，也可以买农贸市场摊位上一株株的雪菜，这样的雪菜切成细末更容易蒸出咸鲜味。
3. 雪菜汁本身就偏咸，所以一般洒在鱼身上多一些，这样可以少放或不放盐。

⑤ 披着红盖头的鱼 | 剁椒鱼头

剁椒鱼头是这几年很受欢迎的鱼菜。红红的新鲜剁椒，碎碎片片地为江南千岛湖的大鱼头穿上大红的罩衣，拨开热腾腾冒着热气的鲜红剁椒，吃一口香辣鲜嫩的鱼肉，真是回味无穷，忍不住让人食欲大开，大快朵颐！

食材 千岛湖大鱼头 700 克、剁椒 300 克。

调味料 料酒 150 毫升、盐 2 克、生姜适量、葱少许。

制作步骤

1. 准备原材料。
2. 将鱼头洗净，刮去鱼鳞，对半剖开，用盐涂抹鱼头两面，然后加入料酒、生姜片，腌制 15 分钟。
3. 然后将剁椒均匀地撒在鱼头上面，放入电蒸箱或蒸锅中蒸熟。
4. 最后撒上葱花，淋上热油即可。

最佳蒸制时间 电蒸箱（选鱼类模式 90℃）或蒸锅蒸 10 分钟。

口味 香辣鲜嫩，回味无穷。

溢齿留香有话说

1. 做这道菜可以买瓶装的剁椒，也可以用自己做的新鲜剁椒。新鲜剁椒做法：将新鲜红辣椒洗干净，晾干，切成小段，加入适量白酒、盐、姜末拌均，然后在瓶子里灌好，盖紧腌制，过一周就可以吃了。
2. 如果使用新鲜剁椒不够咸，可以在鱼身上先抹点盐入味。
3. 蒸鱼时间可以根据鱼头大小来调控，一般看到鱼眼睛突出变白就熟了。通常在 8 ~ 10 分钟。

⑥ 家宴喜庆菜 | 五彩孔雀鱼

在家庭聚会宴席上，鱼总是最主要的一道菜，寓意年年有鱼。除了传统的整条红烧、清蒸，也可以变换花式，比如这道五彩孔雀鱼，将普通的鳊鱼切出花样，一条鱼瞬间化身为一只美丽的孔雀，在葱青椒红中，鱼身舒展盛放，寓意幸福生活就像孔雀开屏一样美好！

食材 鳊鱼 600 克、红椒 100 克。

调味料 料酒 50 毫升，生姜 10 克，葱 10 克，盐 2 克，蒸鱼豉油、生抽、白糖各适量。

制作步骤

1. 准备原材料。
2. 将鳊鱼刮去鱼鳞，切下鱼头和鱼尾。鱼身部分从鱼背部连续切 1 厘米左右宽度的鱼条，鱼肚处不切断。
3. 红椒洗净，切成红椒圈；生姜切片；葱切末。
4. 把鳊鱼头放在盘中间，鱼身摆成扇形围在鱼头边上，生姜片和红椒圈摆在鱼身上，加上适量的料酒和盐。
5. 把鱼放入电蒸箱或蒸锅中蒸熟，最后撒上葱花，浇上用蒸鱼豉油、生抽、白糖调制好的味汁即可。

最佳蒸制时间 电蒸箱（选鱼类模式 90℃）或蒸锅蒸 10 分钟。

口味 鱼肉嫩鲜，美观喜气。

溢齿留香有话说

1. 选择鳊鱼是因为其鱼身扁平宽大，切断鱼身造型如孔雀开屏般漂亮。
2. 鱼头边的两条鱼鳍不要切去，这样可以支撑鱼头摆盘。

⑦ 年年有鱼年年高 | **年糕香菇蒸鲈鱼**

　　在家庭聚会的宴席上，我总喜欢用软糯的年糕配上醇厚的香菇与鲈鱼同蒸，因为有鱼有糕，寄寓着吃了年糕年年高，吃了蒸鱼年年有余的美好愿望。

🔲 **食材**　粳米年糕 250 克、鲈鱼 1 条（600 克）、干香菇 5 朵。

🔲 **调味料**　料酒 20 毫升、盐 2 克、葱 6 克、蒸鱼豉油 30 毫升、生抽 10 毫升、生姜适量。

🔲 **制作步骤**

1. 准备原材料。
2. 将年糕掰开一条条放在水里浸软。
3. 干香菇泡发后去菇蒂，切成片。
4. 鲈鱼刮去鱼鳞，剖洗去内脏后用盐抹涂鱼身，鱼身上划切几刀插入香菇片，加姜丝、料酒腌制 20 分钟。
5. 把年糕放在盘底，上面摆上鲈鱼。
6. 淋入用蒸鱼豉油、生抽、盐调好的味汁。
7. 放入电蒸箱或蒸锅中蒸熟。
8. 最后撒上葱末，淋上热油。

🔲 **最佳蒸制时间**　电蒸箱（选鱼类模式 100℃）或蒸锅蒸 10 分钟。

🔲 **口味**　年糕软糯，鲈鱼嫩鲜，香菇滋润。

🔲 **溢齿留香有话说**

1. 年糕最好选择农家手工制作的粳米年糕，吃起来韧滑软糯不粘牙。
2. 如果买的是超市里真空小包装的年糕，要提前在温水里泡软。
3. 我这里选的是鲈鱼，也可以选用鳜鱼、鲻鱼等。
4. 如果家里有火腿片，可以放几片添香！

⑧ 比豆腐更软嫩的人间美味 | **椒香豆腐鱼**

　　白嫩的身躯仿佛吹弹即破，这就是比豆腐更软嫩的豆腐鱼。这样白嫩的豆腐鱼怎么忍心去煎炸油烤，还是与滑润的豆腐同行，在腾云驾雾的蒸制中化为人间美味吧!

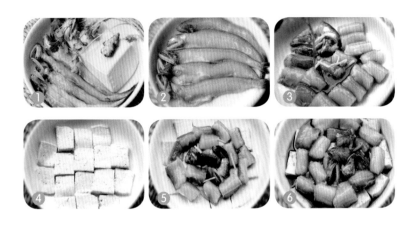

🍽 **食材**　豆腐 450 克、豆腐鱼 300 克。

🧂 **调味料**　盐 2 克、料酒 50 毫升、蒸鱼豉油 20 毫升、生抽 30 毫升、生姜 1 块、香菜少许。

📋 **制作步骤**

1. 准备原材料。
2. 将豆腐鱼剖洗干净。
3. 将豆腐鱼切段，放入料酒和姜丝腌制 15 分钟。
4. 豆腐切块。
5. 将豆腐块沿盘整齐地码放在盘底，然后把豆腐鱼放在豆腐上。
6. 洒上用盐、生抽、蒸鱼豉油调好的味汁，放入电蒸箱或蒸锅中蒸熟。最后加点香菜，淋入热油就可以了。

⏱ **最佳蒸制时间**　电蒸箱（选鱼类模式 100℃）或蒸锅蒸 10 分钟。

😋 **口味**　豆腐鱼细嫩，豆腐鲜润。

🍲 **溢齿留香有话说**

1. 豆腐鱼嫩滑细腻很容易破碎，可以不切段整条蒸制。
2. 豆腐可以按照自己的口味，先在淡盐水里焯一下水，去豆腥、防破碎。
3. 如果喜欢重口味的，最后还可以用辣油添味。

⑨ 给鲈鱼加点味道 | **橙味鲈鱼**

经常吃清蒸鲈鱼难免感觉口味单调，这橙味鲈鱼是无意之中的发现。鲈鱼富含蛋白质、维生素 A、B 族维生素、钙、镁、锌、硒等营养元素，具有补脑盖智、健脾胃、化痰止咳的功效。而橙子富含维生素及果胶等多种营养元素，是一种健康、美味的水果。将橙子与刺少、鲜嫩的鲈鱼一起蒸制，橙汁浸润到鲜嫩的鱼肉中，真是色香味俱全。

食材 鲈鱼 600 克、橙子 1 只、新鲜甜豆 150 克。

调味料 盐 2 克、料酒 5 毫升、姜汁水 10 毫升、鸡精少许。

制作步骤

1. 准备原材料。
2. 将鲈鱼刮去鱼鳞，切下鱼头和鱼尾，挖去鱼鳃，再将鲈鱼内脏挖出，洗净，把鲈鱼放平，从鱼背部切细长刀，至鱼肚边不切断，然后用料酒、姜汁水、盐腌制一会。
3. 橙子冲洗一下，切成薄圆片待用。
4. 把切片的橙子铺在盘底，把鲈鱼块摆在橙片上。
5. 摆出造型，放入电蒸箱或蒸锅中蒸熟后，沥去汤水。
6. 另起油锅，把新鲜甜豆炒熟，并加入少量橙肉一起翻炒后，加盐、鸡精勾薄芡，浇淋在鲈鱼块上即可。

最佳蒸制时间 电蒸箱（选鱼类模式 100℃）或蒸锅蒸 8 分钟。

口味 鲈鱼鲜嫩，橙味浓郁，补脑开胃。

溢齿留香有话说

1. 放入橙子片可以为鱼增加橙果香味，并去腥、添香。
2. 如果家里没有橙子，也可以切几片柠檬，滴几滴柠檬汁，同样美味。
3. 蒸鱼后的原味汤水可以在最后加入盐、鸡精等调味勾芡，浇淋在鱼身上。

⑩ 不一般的千岛湖鱼头 | 酱香鱼头

我在家里做蒸菜，鱼是首选的，因为江南多鱼虾，吃鱼补脑，营养又容易吸收。当杭州附近的千岛湖大鱼头直销杭州时，更是"美味不容错过"，所以常常下班后买一个大鱼头回家，一鱼三吃！鱼头我一般是与豆腐、菇类炖汤的多，但是家里两位却是重口味，喜欢浓香菜，所以这次就用豆瓣酱调主味，鱼头果然酱香浓郁，鲜香又下饭哦！

🍲 **食材** 鱼头 600 克、嫩豆腐 1 块、花菇 5 朵。

🧂 **调味料** 豆瓣酱 150 克，料酒 10 毫升，生抽 10 毫升，生姜、青蒜适量。

📋 **制作步骤**

1. 准备原材料。
2. 将鱼头清理干净后，加入料酒、生姜片腌制 15 分钟。
3. 再倒入生抽。
4. 豆腐切成小块铺在碗底，花菇泡软后，撕成小片放在豆腐块上。
5. 把鱼头放到豆腐花菇片上，倒入适量豆瓣酱。
6. 放入电蒸箱或蒸锅（水开后）中蒸熟。
7. 最后拿出，摆上青蒜叶，浇上热油即可。

⏰ **最佳蒸制时间** 电蒸箱（选鱼类模式 100℃）或蒸锅蒸 10 分钟。

😋 **口味** 鱼头鲜嫩，豆腐浓鲜，酱香浓郁。

📖 **溢齿留香有话说**

1. 鱼头在腌制时，也可以根据自己的口味再添加些辣椒酱等重口味调料。
2. 在蒸鱼前加入少量清水或高汤，可使豆腐、花菇吸入汤汁，更入味。

鸡蛋的宽容胸怀 | 北极虾木耳蒸蛋

　　这是一道老少皆宜的蒸菜，黄色润滑的蛋羹，有清凉营养的丝丝黑木耳隐于蛋羹之中，粉红的北极虾更是团团相拥在蛋羹之上，红红蟹子点缀着蛋羹，鸡蛋羹嫩滑无敌，润滑温柔。

食材　鸡蛋 2 只、北极虾 100 克、黑木耳 5 克。

调味料　盐 3 克，葱花、麻油少许。

制作步骤

1. 准备原材料。
2. 将北极虾自然解冻，剥壳取虾仁。
3. 黑木耳清水涨发洗净，在开水锅里煮熟，切成黑木耳丝。
4. 鸡蛋打入碗中，加入盐和温水打匀后滤去泡沫。
5. 把黑木耳丝放入鸡蛋液中。
6. 加盖，放入电蒸箱或蒸锅中蒸 8 分钟至熟。
7. 开盖，把北极虾肉摆在蛋羹上，再蒸 2 分钟。
8. 撒上葱花，淋入麻油即可。

最佳蒸制时间　分 2 次蒸，第 1 次用电蒸箱（100℃）或蒸锅蒸 8 分钟，第 2 次蒸 2 分钟。

口味　蛋羹润滑，虾肉紧致，老少皆宜。

溢齿留香有话说

1. 想要蛋羹蒸得如凝脂般光滑，一般加30℃左右的温水，并滤去蛋液上的泡沫即可。
2. 由于买来的北极虾本身是熟的，所以等蛋羹基本蒸熟后再放进去蒸，美观又嫩鲜。如果是其他新鲜的虾，可以放入蛋液中一起蒸熟。

⑫ 容易上手的家宴快手菜 ｜ 葱香小鲍鱼

　　每年过节聚会，总要上几道花色菜，而原本作为饭店宴会菜的小鲍鱼近年来随着交通运输和养殖业的发展，价格一路走低，走上了老百姓的餐桌。小鲍鱼肉质厚实，营养丰富，做法上用蒸制最鲜嫩，而且简单方便，容易操作，摆盘又漂亮，是现代家庭聚会上当之无愧的家宴菜之一。

🍽 **食材** 小鲍鱼 5 只、红椒 1 只、葱 10 克。

🧂 **调味料** 蚝油 10 毫升、生抽 10 毫升、盐 2 克、料酒 20 毫升。

📋 **制作步骤**

1. 准备原材料。

2. 将鲜活的小鲍鱼在水里刷洗干净，用刀挖出鲍鱼肉。

3. 去除鲍鱼的内脏，在挖出的小鲍鱼肉正面切上十字刀，加料酒腌制 15 分钟。

4. 将小鲍鱼的壳里外都洗干净，装入腌制的小鲍鱼。

5. 红椒洗干净，去子，切成小红椒丁；小葱洗后切葱末。

6. 用蚝油、生抽、盐加少量清水调成味汁。

7. 把蚝油生抽汁浇在小鲍鱼身上，上面放上红椒末，放入电蒸箱或蒸锅中蒸熟。

8. 最后将葱末撒在鲍鱼上，浇上热油就可以了！

⏲ **最佳蒸制时间** 电蒸箱（90℃）或蒸锅蒸 6 分钟。

😋 **口味** 鲍鱼嫩鲜，滋味浓香。

💬 **溢齿留香有话说**

1. 小鲍鱼肉质厚，所以要在鲍鱼肉上切几个十字刀，这样容易入味。

2. 小鲍鱼蒸的时间不要太长，5 ~ 6 分钟足够了，以免蒸老了。

3. 自己挖鲍鱼肉容易破坏外形，一般可以请水产摊主帮助加工处理好。

⑬ 家里也能做出大饭店的味道 | **粉丝蒜蓉蒸扇贝**

这是一道家庭节假日聚会的家宴菜，我的家人平时很喜欢吃粉丝，而粉丝与虾贝类搭配可以给粉丝增鲜提味，所以我会经常把粉丝垫在扇贝下面蒸着吃。蒜香与鲜贝汁互相融合，将雪白的粉丝蒸成一盘华丽的家宴菜。

食材　扇贝 6 只、粉丝 1 把。

调味料　料酒 30 毫升、大蒜头 3 瓣、小葱 5 克、盐 2 克、姜 1 块、红椒 1 只。

制作步骤

1. 准备原材料。
2. 姜切丝，葱切末，红椒切细丝，蒜拍碎。
3. 将扇贝洗刷干净，挖出扇贝肉，清理出内脏。
4. 将扇贝肉用料酒、姜丝腌渍 10 分钟。
5. 粉丝用温水浸泡软。
6. 将扇贝壳洗刷干净，上面放上一只扇贝肉，再在扇贝肉上面放上一些粉丝。
7. 撒上蒜末和红椒，把排好的粉丝扇贝放入电蒸箱或蒸锅中蒸熟。
8. 最后在上面撒上蒜末和葱花，加点盐，淋上热油即可。

最佳蒸制时间　电蒸箱（90℃）或蒸锅蒸 8 分钟。

口味　扇贝鲜嫩，粉丝爽润，蒜香扑鼻。

溢齿留香有话说

1. 扇贝有两种，白色的是雌性的，黄色的是雄性的，选购时可以看一下。
2. 粉丝要先在清水里浸泡，这样蒸起来容易熟透。
3. 蒸扇贝的时间要控制好，不能太长，不然容易蒸老了。
4. 最后再撒上蒜末，淋上热油增香，吃时拌匀即可。

⑭ 螃蟹的另类吃法 | 肉末蒸蟹

　　我喜欢吃蟹，所以经常以到海边去游玩为借口吃蟹。我爱去海滨城市旅游的很大目的也是奔着当地的新鲜海鲜产品去的。随着交通运输及保鲜技术的提高，我们在杭州也能够吃到鲜活的梭子蟹了。所以，当蟹季来临时，清蒸、红烧、油焖是常见吃法，将梭子蟹与肉末一起蒸制，又是另有一番滋味！

🥢 **食材**　梭子蟹 2 只、荸荠 4 颗、猪肉 200 克。

📷 **调味料**　盐 3 克，料酒 10 毫升，小葱、生姜适量。

📋 **制作步骤**

1. 准备原材料。
2. 将荸荠削去皮，切成细碎末，小葱洗后切葱末。
3. 猪肉末放入料酒搅拌入味。
4. 将切好的荸荠末加入肉馅中搅匀。
5. 然后将小葱、盐放入，搅拌成肉馅。
6. 将荸荠肉馅平摊在盘中。
7. 梭子蟹洗刷干净，拆下蟹壳，蟹身对半切开，加入料酒、姜丝腌 20 分钟。
8. 把梭子蟹放在肉末上面，盖上蟹壳，放入电蒸箱或蒸锅蒸熟即可。

⏲ **最佳蒸制时间**　电蒸箱（100℃）或蒸锅（水开后）蒸 15 分钟。

😋 **口味**　蟹肉鲜香，肉末脆嫩。

💬 **溢齿留香有话说**

1. 在肉馅中加入荸荠，可以使肉馅水润，口感脆嫩。
2. 荸荠可以稍微切得大颗粒些，这样吃起来带有脆爽感。
3. 肉馅不要太厚，轻轻按平，薄薄的一层即可，这样容易蒸透而且便于蟹味渗入。

⑮ 最是菊黄蟹肥时 ｜ 清蒸大闸蟹

秋风起，菊黄蟹肥，又到一年品蟹时，我对大闸蟹真是没有任何抵抗力地喜爱啊！我曾经特地去过正宗的大闸蟹产地——阳澄湖。在养蟹基地，看着湖水中央水网围起来的养殖区，蟹农们提着蟹笼，用网兜抓捞大闸蟹的场景……刚捕获的大闸蟹清蒸，微甜鲜美好滋味！所以，在秋日湖蟹季，决不能忘记清蒸大闸蟹，这才是吃个原汁原味呢！

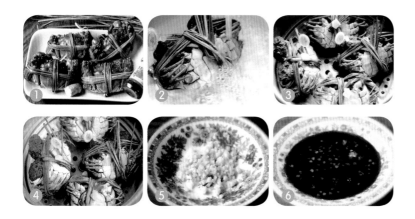

🦷 **食材**　大闸蟹 4 只、香草 1 把。

📶 **调味料**　米醋 50 毫升、生姜 1 块、糖适量。

📋 **制作步骤**

1. 准备原材料。
2. 大闸蟹在清水下洗刷干净。
3. 用香草捆扎好大闸蟹，将蟹背朝下放在蒸盘上。
4. 放入电蒸箱或蒸锅中蒸制，等蟹色变红即可。
5. 生姜洗干净，切成生姜末，倒入适量糖和米醋搅匀。
6. 吃时剥壳取蟹肉，蘸着姜醋汁吃。

⏱ **最佳蒸制时间**　电蒸箱（100℃）或蒸锅蒸 15 分钟。

😋 **口味**　蟹肉鲜甜，原汁原味。

🍲 **溢齿留香有话说**

1. 蒸大闸蟹时用香草捆扎一起蒸，一是可以保持蟹形完整，蟹脚不会散乱；同时可以去腥，因为香草有去腥作用。如果没有香草，也可以用紫苏和生姜片代替，放在蒸锅水中与蟹同蒸以去腥。
2. 一定要选择鲜活能爬动的大闸蟹，"白肚青背金毛爪"最好。死蟹千万不能买，吃了会食物中毒。
3. 蒸蟹时背壳朝下是为了防止蟹黄流失，而且这样容易蒸透。
4. 蒸至 15 分钟左右，关火焖一会。
5. 推荐使用米醋而不是陈醋，因为陈醋味道过于浓香，会掩盖蟹本身的鲜味。
6. 品大闸蟹时，最好泡一盅菊花水，可以在剥吃时洗手去腥。

⑯ 蟹肉与鸡蛋的亲密接触 | 蛋蒸梭子蟹

这是一道老少皆宜的蒸菜。平时张牙舞爪的梭子蟹，此时静静地安卧于嫩黄水润的蛋羹之中，葱花点点散落在麻油的油光中……夹一只蟹腿，鲜嫩清鲜，舀一勺蛋羹，润滑细嫩，入口即化，蟹肉与嫩滑的鸡蛋融为一体，品味着蟹与鸡蛋的亲密融合与清鲜！

- 🍽 **食材**　梭子蟹 2 只、鸡蛋 3 只。

- 🧂 **调味料**　料酒 10 毫升、盐 3 克、葱 10 克、生姜适量、麻油少许。

🍳 **制作步骤**

1. 准备原材料。
2. 将梭子蟹洗刷干净，拆下蟹壳，蟹身对半切成 4 块，放料酒、姜丝腌 15 分钟。
3. 鸡蛋搅打成蛋液，放入盐、梭子蟹，盖上蟹壳。
4. 把梭子蟹放进电蒸箱或蒸锅中蒸熟。
5. 取出撒上葱花，滴上少许麻油即可。

⏱ **最佳蒸制时间**　电蒸箱（100℃）或蒸锅蒸 12 分钟。

😋 **口味**　蟹鲜美味，蛋羹嫩滑，老少皆宜。

🍵 **溢齿留香有话说**

1. 鸡蛋打成蛋液后，要加 30℃ 左右的温水和盐打匀，并撇去蛋液上的泡沫，这样蒸出来的蛋羹光滑如镜。
2. 蟹可以切小块，这样放入蛋液里蒸制的时间可以短一些。
3. 在锅里蒸制时，也可以在蒸碗上用保鲜膜盖住，防止水滴进去，以保证蛋羹表面光滑细腻。

⑰ 来自大海的问候 | 双味蒸蛏子

只要我们在海边玩耍，就能发现蛏子的踪影。看到海滩上相距不远的两个小孔，用手碰动一下就能喷出少许海水，说明下面很可能有蛏子。蛏子白嫩肥美，是很常见的小海鲜，而且价格亲民，味道鲜美，是老百姓餐桌上的美味。除了铁板烧，用清蒸的办法更能吃出它的本身鲜味。

🍽 **食材** 蛏子 600 克、剁椒 100 克。

🥄 **调味料** 料酒 10 毫升、小葱 10 克、色拉油少许。

📋 **制做步骤**

1. 准备原材料。
2. 蛏子洗去外面的泥沙，在清水里养一天，吐净泥沙。
3. 锅里水开后，将蛏子倒入，加入料酒氽一下。
4. 等蛏子开口后就捞出，盛入盘中。
5. 剥去半边蛏子壳，清理去杂质，将一只只清理好的蛏子排放在蒸盘上。
6. 把剁椒撒在蛏子肉上，放入电蒸箱或蒸锅中蒸熟。
7. 最后拿出，放上葱花，浇上热油即可。

⏱ **最佳蒸制时间** 电蒸箱（100℃）或蒸锅蒸 5 分钟。

😋 **口味** 微辣葱香，肥嫩鲜美。

💬 **溢齿留香有话说**

1. 蛏子买来一定要在水里养净，吐净泥沙，最好是早上买来，晚上做着吃。
2. 氽水煮蛏子时间要短，一开口就要捞出，否则容易老。
3. 留半边蛏子壳是为了让蛏子蒸时留住饱满的鲜嫩汁水。
4. 由于蛏子已经氽过了，所以蒸的时间不能长，等剁椒入味，用葱油浇香就可以了。

溢齿留香

好菜蒸出来

三 蒸出荤素搭配的

花式菜肴

　　蒸菜中的花式搭配菜是最美味营养的，可以根据自己喜欢的食材巧妙搭配组合。当家家阳台上挂着酱腊香肠、鸡鸭鱼肉，腌缸里咸菜飘香时，取一株脆爽咸菜，割一刀酱鸭腊肉，与土豆、冬笋、千张、豆腐同蒸，酱香游走于笋片、土豆、萝卜、豆腐之中，还有那鲜虾粉丝金银虾丝丝情浓，粒粒糯米藕团团圆圆，青翠包菜鱼蓉卷口口留鲜……各式时令蔬菜与香润荤腥如此紧密地相依相偎，在袅袅腾升的蒸气中化为一体，留下盘盘鲜香、美美滋味。

花式蒸菜蒸制攻略

制作花式蒸菜，一般油润的食材应该摆在上面，蔬菜铺底，这样无论是外部造型还是菜品营养都最佳。

适合花式蒸菜的原料蔬菜一般都是耐蒸的食材，比如笋、土豆、千张、豆腐、豆类及其他果实类蔬菜，一般叶菜不太适合蒸制，容易发黄变老，必要时叶菜拌入米粉，也能蒸出蔬菜好味道。

切记花式蒸菜不可混蒸，以免因串味影响口感。如果使用多层蒸锅，同味同品种的可以分别摆放两层同时蒸制，比如肉类与肉类，肉类与酱肉、香肠类，酱鸡、酱鸭可以同蒸，鱼腥类同时蒸，这样可以省时省钱。

总之，花式蒸菜荤素搭配，营养合理，基本上都属于创新菜，造型美观，色香味俱全，特别是一些时令蔬菜的加入，更加丰富了蒸菜的品种和口感，因此我特别推荐。

① 藏在丝瓜墩里的凤尾虾 | **丝瓜凤尾虾盏**

现在人们崇尚吃得健康，许多朋友喜欢买些菜种子在自家阳台上种，一方面可以遮阳庇荫，教会家里小朋友认识菜的生长过程，另一方面还可以吃到天然无污染的蔬菜瓜果。我家喜欢吃丝瓜，每到夏天，看着阳台上种的丝瓜攀架绕杆长成绿油油一片，一根根绿嫩的丝瓜挂满了藤条，每天摘下几条，炒菜、做汤变化着吃，还可以买上一些新鲜的活虾和猪肉，做一道润肤滋养的蒸菜——丝瓜凤尾虾盏。

🥢 **食材**　丝瓜 1 条、新鲜虾 200 克、猪肉馅 200 克。

🍶 **调味料**　盐 2 克、料酒 10 毫升、蚝油 10 毫升、淀粉 2 克、生抽 10 毫升、生姜 1 块、鸡精少许。

📋 **制作步骤**

1. 准备原材料。

2. 在猪肉馅中加料酒、盐、淀粉拌匀，腌 15 分钟。

3. 将虾去头留尾，抽去肠线后，加料酒、姜丝、盐、淀粉腌 15 分钟。

4. 将丝瓜削去外皮，切成 3.5 厘米长的段，并挖去中间瓜瓤成圆孔状。

5. 将调好味的猪肉馅填入瓜孔中。

6. 然后把虾围摆在丝瓜肉上面，将丝瓜凤尾虾盏放入电蒸箱或蒸锅中蒸熟。

7. 最后把蒸盘中原汁汤水倒出，加蚝油、盐、鸡精、生抽、淀粉勾薄芡，浇淋于丝瓜凤尾虾上即可。

⏱ **最佳蒸制时间**　电蒸箱（90℃）或蒸锅蒸 10 分钟。

😋 **口味**　虾肉嫩香，丝瓜清鲜。

📋 **溢齿留香有话说**

1. 丝瓜切段后用挖球器挖出孔。没有挖球器的，可以用小的不锈钢勺沿着段心掏挖去丝瓜瓤。

2. 丝瓜皮削下来不要浪费，可以榨成丝瓜泥，加些牛奶、蜂蜜做成营养面膜。

3. 将虾头拉下去除时，就可以用牙签挑去虾身断口上的虾泥肠线。

4. 放入蚝油能够提鲜增味！

② 先苦后鲜品圆满 | **苦瓜酿肉饼**

第一次吃苦瓜是夏天冷盘上来的薄薄片片，吃一块冰鲜爽脆，但味道确实有点苦，当我吃第二口时就感到苦中有回味。慢慢品味才知苦口良菜利于身！所以必须做一道苦瓜酿肉，让肉末来滋润它，改变不了苦味就坦然感受健康的味道吧。

🍴 **食材** 苦瓜 1 根、猪肉馅 200 克、枸杞子 5 克。

🧂 **调味料** 料酒 20 毫升，盐 2 克，生姜 1 块，淀粉、鸡精适量。

📋 **制作步骤**

1. 准备原材料。
2. 在猪肉馅中加料酒、盐、姜末搅匀，腌 15 分钟。
3. 苦瓜洗净后切成圆片，挖去里面的白膜和瓜瓤。
4. 将调好味的猪肉馅填入瓜圈里，按平。
5. 在肉馅上放一颗枸杞子。
6. 将苦瓜肉圈放在蒸盘中，放入电蒸箱或蒸锅中蒸熟。
7. 最后将淀粉、盐、鸡精在热锅里调好芡汁，浇淋在蒸熟的苦瓜上即可。

⏱ **最佳蒸制时间** 电蒸箱（100℃）或蒸锅蒸 10 分钟。

😋 **口味** 苦瓜熟酥，肉末嫩鲜。

💬 **溢齿留香有话说**

1. 苦瓜切好片后撒上适量盐出水，可以去除些苦味。
2. 苦瓜圈里的白膜有苦味，所以要撕干净。
3. 猪肉末要分次加入姜汁水，不停地顺方向搅拌上劲，这样肉馅才润泽。

③ 高端大气上档次 | **冬瓜鲜虾卷**

冬瓜是许多家庭饭桌上的家常菜，除了大块煮汤，切片炒菜，切丝凉拌，在节日家宴上，也可以把平常的冬瓜细做成家宴冬瓜菜。这道冬瓜鲜虾卷，冬瓜清凉水润，鲜虾嫩滑弹牙，白里透红，人见人爱！这道菜因为虾的加入，让普通不起眼的冬瓜霎时变成好吃好看、高端大气上档次的家宴菜了！

食材 虾 150 克、冬瓜 200 克、香菜 10 克。

调味料 料酒 20 毫升、盐 2 克、淀粉 2 克。

制作步骤

1. 准备原材料。
2. 将鲜虾剥壳去头，加入料酒腌制 15 分钟。
3. 香菜洗干净后，去叶留梗，切成寸段。
4. 冬瓜皮削去，切成薄薄的冬瓜长片。
5. 把切好的冬瓜片放入盘中，撒上盐拌匀，腌 10 分钟。
6. 把腌过变软的冬瓜片滤去水分，平铺在盘中，将一只鲜虾与几段香菜梗放在冬瓜片上。
7. 慢慢地卷成冬瓜虾卷，最后用淀粉沾边包住。
8. 把包好的冬瓜虾卷放在蒸盘上，放入电蒸箱或蒸锅（大火）中蒸熟，最后将用盐、淀粉勾好的芡汁浇在冬瓜卷上即可。

最佳蒸制时间 电蒸箱（100℃）或蒸锅蒸 10 分钟。

口味 冬瓜清鲜，虾肉滑嫩。

溢齿留香有话说

1. 因为是用冬瓜片，所以要买大冬瓜，这样才能切成长而薄的片。
2. 用盐撒在新鲜冬瓜片上腌制，使得冬瓜的水分腌出一些，这样冬瓜片变软卷起来不容易断。
3. 我是用整只的虾，也可以将虾剁成虾蓉馅，但我个人感觉用整只虾口感更好。
4. 冬瓜卷在封口处沾点淀粉包边，这样蒸制时冬瓜片不会松开，容易成型。

❹ 鱼香对茄子的眷恋 | **肉末蒸茄子**

江南的茄子就像江南美女一样苗条而细长，那一身紫色光洁，富含多种维生素，特别是维生素 P，可预防心脑血管疾病，让人营养更健康。茄子的最佳吃法是清蒸后拌着吃，除了简单的饭焐茄子，用蒜泥、麻油拌着吃，加点肉末一起蒸，更有滋味呢！

食材 猪肉 200 克、茄子 200 克。

调味料 大蒜头 4 瓣、红椒 1 只、料酒 10 毫升、盐 2 克、生抽 10 毫升、葱少许。

制作步骤

1. 准备原材料。
2. 将猪肉剁成肉末，加料酒、盐搅拌上劲。
3. 茄子洗后切开，成长条状。
4. 将茄子放在盐水里浸洗一下。
5. 把茄子条摆放在蒸盘上，上面平铺猪肉馅。
6. 再放入电蒸箱或蒸锅（大火）中蒸熟。
7. 最后将蒜末、红椒末、葱末撒在上面，浇上热油即可。

最佳蒸制时间 电蒸箱（100℃）或蒸锅蒸 15 分钟。

口味 茄子糯酥，鱼香味浓，咸香下饭。

溢齿留香有话说

1. 将茄子放在盐水里浸洗一下，可以防止茄子变色。
2. 肉末不要放太多，只要在茄子上覆盖薄薄一层即可，这样茄子不会蒸太老。
3. 茄子要切细一点再蒸，更容易酥熟入味。

⑤ 粘满米香的幸福肉圆 | 糯米藕肉圆

这是一道家宴菜品，喜欢糯米蒸制好后的颗颗晶亮透明因为被黏糯的糯米包裹着，油润的肉圆变得温暖而滋润。一只只圆圆的糯米肉圆象征着团圆的家的温暖味道，更为家宴增添浓浓的祝福！

🍖 **食材** 猪肉末 200 克、糯米 100 克、藕 1 节、胡萝卜 1 段。

🧂 **调味料** 料酒 10 毫升、盐 3 克、小葱 10 克。

📋 **制作步骤**

1. 准备原材料。
2. 糯米淘洗后，倒入清水里浸涨 3 小时。
3. 将藕去皮切成细末，胡萝卜去皮切碎末。
4. 将猪肉末加藕末、胡萝卜末、料酒、盐搅拌上劲。
5. 将搅好的肉馅搓成一个个肉圆子。
6. 将肉圆子在糯米上滚一下，使外面粘满糯米粒。
7. 将沾满糯米的肉圆子放入电蒸箱或蒸锅（大火）中蒸熟，最后撒上葱花即可。

⏱ **最佳蒸制时间** 电蒸箱（100℃）或蒸锅蒸 20 分钟。

😋 **口味** 糯米黏香，肉圆鲜润，口感柔韧。

📖 **溢齿留香有话说**

1. 糯米事先要浸涨，蒸时省时快熟。
2. 肉圆不要做得太大，这样容易熟透。
3. 肉馅在加入调味料后，要不断地在盆里来回搅打上劲，这样做出的肉圆鲜嫩可口。
4. 在肉馅中加入藕末可以增加口感，使肉质松软不柴。

❻ 裹住春天的味道 ｜ 荠菜千张卷

春雨一过，田野里野菜冒出了点点嫩芽，荠菜、蕨菜、马兰头、水芹菜纷纷报到，带来春的消息。清新的春野菜总是做家宴的主角，豆腐皮、千张常常是包卷住春天的首选，吃一个荠菜千张卷，留住春天的味道吧！

🍱 **食材**　千张 2 张、荠菜 600 克、猪肉末 200 克、黑木耳 10 朵。

🧂 **调味料**　料酒 5 毫升、淀粉 2 克、鸡精 1 克、盐 2 克、麻油少许。

📋 **制作步骤**

1. 准备原材料。
2. 将千张放在温水里浸润一下，切成长方形。
3. 荠菜清理洗净后，放入开水锅里焯一下捞出，挤去水分，切成荠菜末。
4. 将黑木耳泡发洗净，切成细末。
5. 猪肉末放入料酒搅拌。
6. 然后把荠菜末、黑木耳末放入肉馅里，加盐、鸡精、麻油拌匀入味。
7. 将千张平铺在案板上，菜肉馅放在千张的一端。
8. 慢慢地卷起包住，然后排放在蒸盘中，放入电蒸箱或蒸锅（大火）中蒸熟，最后将用盐、淀粉、鸡精调好的薄芡汁浇在千张卷上即可。

⏱ **最佳蒸制时间**　电蒸箱（100℃）或蒸锅蒸 20 分钟。

😋 **口味**　千张水润，菜肉馅鲜香。

📖 **溢齿留香有话说**

1. 因为千张有些干，必须先在温水里浸泡一下，包起来不会断。
2. 千张卷的菜肉馅里放点麻油，吃起来口感香。
3. 也可以选用豆腐皮代替千张，但是豆腐皮不能用水泡，用软湿布轻擦变软就可以了。

❼ 臭味两相投 | 霉苋菜梗蒸臭豆腐

有一种食材让人难忘，那就是闻着臭吃起来香的臭豆腐。每个中国城市的大街小巷美食特色摊前都能够闻到它那股特别奇特的香味。每个江南小镇的农贸市场里总有农家自制的一块块臭豆腐和一盆盆霉苋菜梗，也总有人你一碗我八块地围着买，因为这是江南人家一道绝对传统的下饭菜。喜欢吃臭豆腐的人蒸、炒、煎、炸样样吃着香，不喜欢的人就只能远离三尺没有口福了！而江南的另一道传统菜霉苋菜梗蒸臭豆腐，绝对是两臭相投，奇鲜无比呀！

食材 臭豆腐 400 克、霉苋菜梗 300 克、红辣椒 2 只。

调味料 麻油适量、盐 2 克。

制做步骤

1. 准备原材料。
2. 将臭豆腐用清水洗一下，沥干水分。
3. 红辣椒切成小圈。
4. 把臭豆腐摆放在蒸碗底盘码放好，霉苋菜梗放在臭豆腐上面。
5. 撒上红辣椒圈，放入电蒸箱或蒸锅（大火）中蒸熟，最后淋入麻油即可。

最佳蒸制时间 电蒸箱（100℃）或蒸锅蒸 10 分钟。

口味 奇鲜无比，超级下饭。

溢齿留香有话说

1. 臭豆腐要买霉得透一点的，这样蒸起来才容易入味。
2. 一定要最后淋入麻油，这样才能增添香味。
3. 也可以根据自己的喜好，在双臭上面摆上各种贝类、肉类同蒸，风味更佳。
4. 这道菜虽然鲜香下饭，但是腌制食品并不健康，开胃解馋时可以吃，但不要多吃常吃哦。

⑧ 给点鲜味就灿烂 | **虾干娃娃菜**

　　江南多鱼虾，所以四季鲜虾不断。每当新鲜虾大量上市，价格降下来时，我就多买些回家，煮煮烘烘晒晒，做些虾干，放在冰箱里备用，配上清淡寡味的娃娃菜或白萝卜，顿时就有了鲜味。无论蒸制还是煲汤，这些鲜虾干都发挥出自己独特的功能，而且自己做的虾干卫生又健康呢！

   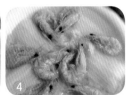

　　🔲 **食材**　娃娃菜 300 克、虾干 100 克。

　　🔲 **调味料**　盐 2 克、猪油 3 克、鸡精 1 克。

　　🔲 **制作步骤**

　　1. 准备原材料。

　　2. 将娃娃菜掰下菜叶洗干净。

　　3. 娃娃菜切成块，铺在蒸碗下面，上面撒些盐、鸡精，再在菜叶上面放上虾干，淋入猪油。

　　4. 放入电蒸箱或蒸锅中蒸熟即可。

　　🔲 **最佳蒸制时间**　电蒸箱（100℃）或蒸锅蒸 10 分钟。

　　🔲 **口味**　娃娃菜软糯，虾干咸鲜。

　　🔲 **溢齿留香有话说**

　　1. 虾干如果时间放久了会比较硬，可以先用料酒浸泡一下再蒸。

　　2. 在娃娃菜上放点猪油，可以滋润添香。

　　3. 娃娃菜嫩脆清淡，有些人感觉口味寡淡，可以根据自己的口味选择放些纯浓的自制肉汤、鸡汤添鲜！

⑨ 盈盈一水间 ｜ 香菇鱼蓉盏

我们家宝贝很喜欢吃香菇。好的香菇菇厚香浓，有增智益脑作用。如果花点心思将香菇做成香菇盏，将鱼肉酿入菇中，蒸制后一只只黑白菇盏在碧绿菜汤盈盈一水间飘浮，鱼嫩菇香，清鲜可口！

食材 　鱼肉 400 克、香菇 6 只、菠菜 100 克。

调味料 　料酒 5 毫升，盐 3 克，姜汁水、麻油、火腿末适量。

制作步骤

1. 准备调味料。
2. 把香菇放在清水里浸发后，先在开水锅里煮熟透。
3. 鱼片洗干净，用刀顺着鱼肉刮成鱼蓉，加适量盐、料酒、姜汁水顺一个方向搅打上劲。
4. 将煮好的香菇剪去菇蒂，然后把鱼蓉放在香菇盏里面。
5. 再把火腿末散放在鱼蓉上面，放入电蒸箱或蒸锅中蒸熟。
6. 菠菜洗后切碎叶。
7. 锅里水开后，倒入蒸香菇出来的原汁汤水、菠菜叶末煮开，加少许盐，淋上适量麻油。
8. 浇淋在香菇鱼蓉盏上即可。

最佳蒸制时间 　电蒸箱（100℃）或蒸锅蒸 8 分钟。

口味 　鱼蓉嫩润，菇香汤鲜。

溢齿留香有话说

1. 我做鱼蓉的方法是一手按着鱼片的一头，用刀顺着鱼肉刮出来，这样比较细腻。
2. 搅打鱼蓉要分次加水，不停地顺一个方向搅打涨发，直到把筷子插在鱼肉上不会倒就可以了。
3. 因为鱼肉较嫩，所以香菇要事先浸泡煮软熟，这样蒸制时间短一些鱼肉不会蒸老。
4. 蒸好的香菇水可以放进菜汤里添香。

⑩ 青椒里的秘密 | 青椒酿笋肉

青尖椒富含维生素C，所以一直是我做家常小炒菜的食材，但总是炒着吃会感觉无趣，也可以变化一下，把青椒当做盛菜的容器，将脆鲜的春笋、油润的猪肉、营养的胡萝卜做成馅酿入青椒内，蒸制出来的菜品形美味鲜，时令味道更让人回味……

食材 青尖椒 5 只、春笋 100 克、猪肉 200 克、胡萝卜 1 根。

调味料 料酒 20 毫升、蚝油 20 毫升、生抽 20 毫升、葱少许。

制作步骤

1. 准备原材料。
2. 将青尖椒对半剖开，去子清洗干净。
3. 春笋剥壳洗干净后，切成春笋末。
4. 胡萝卜削去皮，切成胡萝卜细末。
5. 猪肉剁成肉末，加料酒、盐搅拌成肉馅。
6. 把春笋末、胡萝卜末和葱花倒在猪肉末上，搅拌成春笋胡萝卜肉馅。
7. 将笋肉馅酿入一只只青尖椒里，填压平整，排放在蒸盘里，放入电蒸箱或蒸锅中蒸熟。
8. 最后浇上用蚝油、生抽调制的味汁即可。

最佳蒸制时间 电蒸箱（100℃）或蒸锅（水开后）蒸 15 分钟。

口味 尖椒清香，笋肉鲜嫩。

溢齿留香有话说

1. 剖青尖椒时，留 2/3 做容器，这样肉末装填进容易成形。
2. 肉末要不断搅打上劲，这样吃起来有味不散。
3. 如果喜欢多放笋的话，建议先焯水后再切成笋末，以去除涩味。
4. 我这里用了春笋，也可以按时令不同，换成荸荠、藕等脆爽入口的食材，可以使肉馅口感更软嫩。

⑪ 大珠小珠落玉盘 | **毛豆鸡蛋肉饼**

　　小时候春天里最喜欢的是帮母亲一起剥各种豆类，青绿色的豌豆、蚕豆和毛豆都是一荚荚的，拿一个豆荚能够剥出四五颗豆粒，一颗颗的在碗里慢慢增多。毛豆剥好端给母亲，看着她把猪肉剁得细腻如泥，加了调味汁和葱花搅拌成猪肉馅，然后把猪肉馅薄薄的一层平摊在盘底，中间挖出个洞，四周撒上绿绿的毛豆，中间再磕一个鸡蛋，黄的鸡蛋、红的猪肉、绿的毛豆，蒸制出锅那个鲜香呀！

食材　毛豆 250 克、猪肉 250 克、鸡蛋 1 只。

调味料　盐 2 克、料酒 10 毫升、葱少许。

制作步骤

1. 准备原材料。
2. 新鲜毛豆剥壳留豆。
3. 将猪肉剁成肉末，加料酒、盐、蛋清、葱搅拌成肉馅。
4. 将拌好的肉末平铺在盘里，中间挖出一个圆孔。
5. 把去壳毛豆排放在肉末上面。
6. 将一只鸡蛋黄打入孔中。
7. 放入电蒸箱或蒸锅（大火）中蒸熟。

最佳蒸制时间　电蒸箱（100℃）或蒸锅蒸 15 分钟。

口味　毛豆新鲜，肉饼润泽。

溢齿留香有话说

1. 最好选用肥瘦相间的夹心肉剁成肉馅，这样肉末油润鲜嫩。
2. 肉饼不要在盘底铺太厚，否则不容易熟透，只要薄薄的平铺一层就可以了。
3. 蒸蛋用蛋黄，蛋清也可以利用一下，拌入猪肉馅里更添润滑。
4. 如果想吃嫩一点的蛋黄，可以在肉饼蒸到差不多熟时，再将蛋黄磕入蒸。

⑫ 此味只应天上有 | 黄鳝咸肉蒸笋干

　　夏日黄鳝赛人参。记得有一次外出郊游，住在当地农家，屋前一片水稻田，走在乡间的田埂上，看见村民们拎着一个水桶，一手一个长铁丝杆，头上钩子里用现挖的蚯蚓做诱饵，在稻田田埂边的水洞里东戳戳西捅捅，不多会儿就见有黄鳝被长铁丝杆的蚯蚓引诱中标，那时的黄鳝是野生的，没有现在人工养的那么粗大。黄鳝肉质细嫩，我喜欢将临安天目山的笋干垫在盘中，咸猪腿肉覆盖其上，在蒸锅中慢蒸热焖，变成一锅鲜掉眉毛的好菜。

📋 **食材** 黄鳝 200 克、咸肉 100 克、笋干 200 克、红枣 5 颗。

🧂 **调味料** 料酒 20 毫升，盐 2 克、糖 3 克，姜、葱适量。

📅 **制做步骤**

1. 准备原材料。
2. 将黄鳝杀剖洗净，切成鳝段。
3. 咸肉切片。
4. 笋干用清水浸泡至软。
5. 将笋干切段放在盘底，上面铺放黄鳝、咸肉、姜片、红枣，倒入少量料酒、盐、糖和清水，放入电蒸箱或蒸锅（大火）中蒸熟，取出放少许葱段即可。

⏱ **最佳蒸制时间** 电蒸箱（100℃）或蒸锅蒸 20 分钟。

🍽 **口味** 黄鳝嫩鲜，笋干润香，汤汁醇厚。

📖 **溢齿留香有话说**

1. 黄鳝杀洗后有黏液，可以先用开水冲洗一下，去黏液腥味。
2. 我用的笋干是淡笋干，所以要放点盐。如果买的是咸笋干，用清水浸泡涨后，就不要放盐了。
3. 咸肉鲜咸入味，还可以换成火腿片增香。
4. 在蒸时稍加入一些清水或高汤，更添滋味！

⑬ 立夏时节蚕豆鲜 | **蚕豆酱鸭蒸豆腐**

　　春夏之交，新鲜的蚕豆挂满枝头，剥开豆荚，青嫩的蚕豆脱衣而出。此时最鲜嫩的吃法莫过于将蚕豆剥壳去皮，取出豆瓣，或炒或蒸都鲜香无比。这道菜是我家餐桌上常吃的一道江南风味菜。雪白的豆腐西施浅卧盘中，青嫩粉糯的蚕豆欣喜地点缀其间，油润红亮的酱鸭片片插入。夏天的故事就这样在蚕豆清鲜中飘香起来了。

食材　蚕豆 250 克、豆腐 450 克、酱鸭 200 克。

调味料　盐 2 克、料酒 10 毫升。

制作步骤

1. 准备原材料。
2. 将蚕豆剥壳去皮，豆瓣洗净。
3. 酱鸭切成片，倒入少量料酒浸润泡软。
4. 豆腐切成片，围摆在盘底。
5. 上面放一层蚕豆，再放上酱鸭块，放进电蒸箱或蒸锅（大火）中蒸熟。

最佳蒸制时间　电蒸箱（100℃）或蒸锅蒸 20 分钟。

口味　蚕豆粉嫩，豆腐滑润，酱鸭咸香。

溢齿留香有话说

1. 我是剥去蚕豆豆衣的，如果赶上嫩蚕豆新上市，可以连豆衣一起蒸，吃起来
   也别有味道。
2. 酱鸭放入酒里浸润，可以软化和去除杂物。
3. 豆腐也可以根据各人喜欢和口感，放入开水锅里焯一下，去除豆腥味。

⑭ 春天的故事 │ 春笋酿肉

　　春天时节，万物生长，春雨滋润下的竹林仿佛能听到春笋节节拔高的声音。尝遍了春季的鲜嫩笋味，除了将粗壮的春笋油焖、红烧、腌笃浓汤煮，我还特别喜欢竹林里细长的小嫩笋，那就给小笋留个全身，把鲜润的肉香藏入笋肚子里，吃个满嘴浓香鲜脆吧！

🍴 **食材**　春笋 200 克、猪肉 150 克。

🧂 **调味料**　盐 2 克，生抽 5 毫升，蚝油 5 毫升，料酒 5 毫升，蛋清、姜汁水适量。

📋 **制作步骤**

1. 准备原材料。
2. 将猪肉剁成肉馅，加料酒、蛋清搅拌上劲。
3. 小葱洗后切成细末，放入肉末里，加盐、姜汁水搅匀。
4. 小春笋剥去笋壳。
5. 用竹筷子在笋底部挖通笋节。
6. 然后把肉馅填入笋段内。
7. 把填满肉馅的笋排在蒸盘上，放入电蒸箱或蒸锅中蒸熟。
8. 最后浇上用蒸出的汤水与生抽、蚝油调制好的味汁就可以了。

⏱ **最佳蒸制时间**　电蒸箱（100℃）或蒸锅蒸 25 分钟。

🌀 **口味**　笋鲜肉嫩。

📖 **溢齿留香有话说**

1. 小笋不要太小，中等粗细就可以，这样肉末容易填进笋节里面。
2. 我这里放的是肉末，也可以换成鱼肉或虾肉，口味也不错的！
3. 自制姜汁水用处很大，可以将生姜去皮切丝，加纯净水浸泡，放入冰箱保存。一周内用完即可。

⑮ 迎接春天的三重奏 | 酱肉春笋蒸北极虾

　　杭州基本每家都有象征浓浓年味的冬日酱肉，这些酱肉到了春天天气暖和起来时就要尽快吃完，再放下去容易霉变。此时鲜嫩的春笋开始大量上市，代表着春天的来临。将野生北极虾与酱肉、春笋同蒸，酱肉的油润溶于笋和虾里，咸鲜滋味！预示着告别冬天迎接春天！

食材　北极虾 250、酱肉 200 克、春笋 300 克。

调味料　盐 2 克、猪油 5 克、料酒 20 毫升、葱少许。

制作步骤

1. 准备原材料。
2. 酱肉切片，放入碗中，加入适量料酒浸润泡软。
3. 春笋剥壳清洗后，切圆片。
4. 把笋片摆满盘底。
5. 将酱肉片放在笋片上。
6. 最后把北极虾放在中间，撒适量盐，上面加一点熟猪油。
7. 放入电蒸箱或蒸锅中蒸熟，取出后撒上葱丝即可。

最佳蒸制时间　电蒸箱（100℃）或蒸锅蒸 20 分钟。

口味　咸香鲜醇，酱香浓郁，口味丰富。

溢齿留香有话说

1. 一般酱肉比较硬，所以切片后放入碗中加入适量料酒浸润，可以软化、去油、去腥。
2. 野生北极虾是在深海里打捞上来就马上煮熟冷冻的，所以也可以剥壳取虾仁后蒸，吃起来方便。
3. 加一点熟猪油可以去除笋的涩味，增加鲜味！

⑯ 想念妈妈的味道 | 咸肉春笋蒸千张

　　咸肉是江南人家在冬季都要腌制的美食。小时候，总是看见母亲让在乡下的阿姨代买一整只猪腿，然后将好多盐放在锅里炒热，再加点花椒炒好后放凉，把盐放在猪腿上慢慢地涂抹一遍，然后放在一只大盆中腌制，过几天再翻个身，直到出盐水，半个月后挂起来风干。过年时先割几刀肉给邻居尝尝，自己想吃时就去切一块蒸熟，或切成咸肉片，或和笋片、千张、豆腐、土豆等同蒸，咸鲜滋味。现在我们家已经很少腌整只猪腿了，怕人少吃不了，所以都是腌制几斤肋条咸肉，搭配其他时令菜蒸着吃个传统风味。

食材 咸肉 200 克、春笋 100 克、千张 250 克、红椒 1 只。

调味料 料酒 30 毫升，鸡精 2 克，高汤、小葱各适量。

制作步骤

1. 准备原材料。
2. 将咸肉切成薄片，用料酒浸润 30 分钟。
3. 千张切成细条，加入清水浸泡 20 分钟。
4. 春笋剥壳，切成笋片。
5. 红椒、小葱切丝。
6. 将千张丝摆放在蒸盘底部，春笋片铺在千张丝上，再把咸肉片排放在笋片上。
7. 加入适量高汤和红椒丝，放入电蒸箱或蒸锅中蒸熟。
8. 取出撒上葱丝，加少许鸡精即可。

最佳蒸制时间 电蒸箱（100℃）或蒸锅蒸 30 分钟。

口味 春笋脆嫩，千张润鲜，咸鲜入味。

溢齿留香有话说

1. 咸肉风干后有些硬，所以要在料酒里浸洗下，可以去腥软化。
2. 咸肉表面如果有黄色的一层油脂，要切除，去异味。
3. 千张丝不容易入味，所以要先浸泡软。
4. 咸肉比较咸的话不用放盐了，如果不是很咸，千张丝泡软后要适量加点盐拌匀添味。
5. 笋片如果用量多的话，建议先在开水锅里焯一下，去除涩味。
6. 加上适当高汤可以增加菜的鲜润度。

⑰ 平淡夏日里的开胃菜 | **香肠蒸冬瓜**

　　为了自己和家人的健康，有时间自己可以动手做一些肉食制品，特别是在过年时，酱肉、咸肉和香肠是主妇们自己动手做得最多的风味食品。买来肠衣清洗后，按照自己喜欢的口味，灌入鲜肉、辣肉、鱼肉等，做成不同风味的香肠。做好的香肠串串连结挂满阳台竹竿上，肉香诱人！下班回家切几段，搭配一些时令水润的清鲜蔬果，简单方便！

🍽 **食材** 香肠 200 克、冬瓜 200 克、鸡蛋 1 只。

🧂 **调味料** 盐 2 克，料酒、鸡精、小葱适量。

📋 **制作步骤**

1. 准备原材料。
2. 将香肠切成片，倒入适量料酒浸润泡软。
3. 冬瓜削去瓜皮，洗干净后切成薄片，然后摆铺在蒸盘上。
4. 将切好的香肠片平铺在冬瓜上面。
5. 将一只鸡蛋磕入香肠最中间的地方。
6. 均匀地撒上适量盐后，放入电蒸箱或蒸锅中蒸熟。
7. 最后撒少许葱花即可。

⏲ **最佳蒸制时间** 电蒸箱（100℃）或蒸锅蒸 8 分钟。

😋 **口味** 香肠鲜香，冬瓜酥润。

📖 **溢齿留香有话说**

1. 香肠先倒入适量料酒浸泡，可以软润去腥。
2. 冬瓜切薄片容易酥烂并吸收香肠的油润。
3. 在冬瓜片和香肠片摆盘时，中间要留出稍微凹陷的地方，这样磕入鸡蛋时不会满溢。
4. 如果想菜品色彩上更漂亮些，也可以只放入蛋黄，不放蛋清。
5. 蒸香肠最好下面摆放些淡味的食材，如豆腐、土豆、南瓜、冬瓜、千张丝等，容易吸收香肠的油脂而使菜品更滋味！

⑱ 女人多爱自己一点 | 淡菜笋干蒸火腿

　　淡菜是海里的贻贝的肉，因为味道甘淡所以称"淡菜"，含有丰富的蛋白质及钙、磷、铁等微量元素，营养滋补。我每年到浙江海边岛屿游玩，总是喜欢选一些当地特色的淡菜带回家，用杭州特有的笋干和金华火腿一起蒸制，淡菜软、笋干鲜，是女人滋阴补肾的保健品呢！

食材　淡菜 250 克、火腿 1 大片、笋干 300 克。

调味料　盐 5 克、料酒 50 克、姜 1 块。

制作步骤

1. 准备原材料。
2. 将买来的干淡菜放在温水中浸泡 2 小时左右至软，然后剥开，洗掉里面的泥沙。
3. 笋干浸泡涨发，洗净后切长段，撕成笋片，火腿切片，姜切丝。
4. 将笋片铺盘底，沿盘围放上淡菜，上面覆盖火腿片，加上姜丝、盐，淋入料酒。
5. 放入电蒸箱或蒸锅中蒸熟即可。

最佳蒸制时间　电蒸箱（100℃）或蒸锅蒸 30 分钟。

口味　清鲜入味，滋阴补肾。

溢齿留香有话说

1. 淡菜是传统的干水产品，吃前一定要用酒浸泡开，这样才能去腥软化。
2. 我用的是咸笋干，所以需浸泡去盐分。如果是淡笋干，那么就不需要浸泡去盐分。
3. 笋干最好撕开笋节，容易入味。

⑲ 最家常的就是最好吃的 | 酱肉蒸土豆

土豆酥脆淡味，而酱肉油润，所以把土豆切成薄片，将咸鲜浓香的酱肉覆盖于土豆之上，升腾的蒸汽把酱肉的油香滋味融于土豆片中。这是我很喜欢的一道家常蒸菜，酥软滋润、鲜咸够味。

食材　酱肉 250 克、土豆 200 克。

调味料　盐 2 克、料酒 20 毫升。

制作步骤

1. 准备原材料。
2. 将酱肉切成片，加入料酒浸润 20 分钟至软。
3. 土豆削去外皮，切成圆土豆片。
4. 土豆片先用盐、鸡精拌匀，排放在蒸盘底部，上面放上酱肉片，倒入适量料酒。
5. 放入电蒸箱或蒸锅中蒸熟，最后撒上葱花即可。

最佳蒸制时间　电蒸箱（100℃）或蒸锅蒸 20 分钟。

口味　酱肉熟香，土豆酥软，咸鲜油润。

溢齿留香有话说

1. 酱肉要选五花猪肉，切薄片，这样蒸后油润酱香。
2. 选用土豆垫底，最好是大土豆切片，这样酱肉的油润渗入土豆中，酥烂香浓。
3. 如果是重口味，土豆片也可以不用盐拌，改用生抽拌更浓鲜。

YICHILIUXIANG
HAOCAI ZHENG CHULAI

溢齿留香
好菜蒸出来

四 蒸出营养丰富的
主食甜品

　　甜品和主食也是家中蒸制最多的食物。全家人团团围坐，蒸一盘八宝米饭桂花飘香甜糯糯，做一笼虾肉小笼油润鲜美滋滋……我摘菜你剁肉，他拌馅擀皮子我包馅上蒸笼，黄金元宝饺子、麻油菜肉馄饨、翡翠绿豆糕、木瓜银耳盅……甜咸米饭、汤羹甜品，满屋飘香蒸美味。

　　蒸制的甜品对女人好处多多，可以最大程度地保持食材的原味和营养，特别是一些加入了滋补养颜作用食材的炖品，比如桂圆、红枣、枸杞子、银耳、雪蛤、燕窝等，对女人有调养作用，常吃可以滋补养颜。

主食甜品蒸制攻略

　　小竹蒸笼（蒸锅）作为传统的家庭蒸具，轻巧环保，适合分食，是一些小吃面点的最佳选择蒸具。

　　小竹蒸笼蒸面点和时令节气糕点，除了一般通用的蒸笼布，还可以将时令的玉米叶、粽叶剪小块当笼屉垫，更添清香。

　　营养滋补甜品最好先将食材放入陶瓷蒸盅内再入蒸箱，原味保温。

　　水果甜品可以用主打水果食材挖空果肉做成水果碗、水果盅或水果船，形美诱人，果味浓郁。

　　甜品一般选择干果、水果，加一些滋补类的银耳、雪蛤、燕窝等等。桂圆、红枣、枸杞子这类干果蒸前要先用清水洗净泡发；银耳、燕窝等在泡发后还要理去杂质，漂洗干净。

　　爱美又想偷懒的女性平时有空可以多蒸一些滋补炖品，放在冰箱的冷藏室中保存，一般可以存放三五天，每天吃一点，食用非常方便。

❶ 把春天吃进嘴里 | 麻油荠菜肉馄饨

　　江南人的早点喜欢吃菜馄饨，特别是春天里，一朵朵花样的荠菜布满田埂路边，踏春郊游时，我总喜欢顺手带一把小剪刀一只环保袋，边走边找，路边田间处处荠菜、马兰头绿油油……带一袋春天的味道回家，择洗干净，加点肉末，再淋入一些麻油拌入味，包成只只大馄饨。层层蒸笼打开，夹一只菜肉馄饨，蘸一碟米醋，把春天吃进了嘴里，留在了心中！

　　🍽 **食材** 鲜肉末 200 克、荠菜 250 克、馄饨皮 250 克。

　　🧂 **调味料** 料酒 20 毫升、盐 2 克、味精 2 克、麻油适量、生姜 1 块。

　　🍳 **制作步骤**

　　1. 准备原材料。

　　2. 将猪肉末加料酒、盐、姜末拌匀，搅成肉馅。

　　3. 荠菜洗后沥干水，剁成荠菜末，加盐后挤去水分。

　　4. 将荠菜末放入肉馅中搅拌成荠菜肉馅，加入味精、盐和麻油拌匀。

　　5. 将馄饨皮摊在案板上，把菜肉馅放在馄饨皮的一边，然后慢慢从一边卷起后弯起对角捏住，包成馄饨。

　　6. 把包好的馄饨放入蒸笼，放入电蒸箱或水开后上蒸锅（或蒸笼）蒸熟。

　　⏱ **最佳蒸制时间** 电蒸箱（100℃）或蒸锅（或蒸笼）蒸 10 分钟。

　　🍴 **口味** 鲜美入味，满口留香。

　　🗨 **溢齿留香有话说**

　　1. 有些人喜欢将荠菜放在开水里焯一下，我没有放在开水里焯，而是直接切碎用盐拌匀，捏去水分，这样口感更清新。

　　2. 馄饨皮选择大皮子为好，多放些馅，蒸后不会破皮。

　　3. 加点麻油是点睛之笔，增鲜添香。

② 绿衣青纱裹起来 | **翡翠蒸饺**

　　父亲是北方人，小时候全家一起包饺子是最开心的事了。父亲一个人和面、擀皮，母亲和我们兄妹三个人包也赶不上父亲的速度。江南人包的饺子是有褶有型的，而父亲是两手一捏就一只饺子出来了，哈哈，我怎么也学不会那东北的包法。等自己成家了，我们也经常吃饺子，我特别喜欢芹菜馅的清香，听说芹菜叶营养丰富，但家人不爱吃叶子所以我想了个法子，每周包一次饺子，把芹菜叶也切碎做成馅，这样他们也乖乖吃了不浪费！而把菠菜汁加入面粉里，给饺子穿一件绿衣服，更是纯天然的绿色添健康呢！

食材 猪肉 200 克、菠菜 150 克、面粉 300 克、芹菜 200 克、玉米皮若干张。

调味料 料酒 20 毫升、盐 3 克、色拉油适量。

制作步骤

1. 准备原材料。
2. 将菠菜洗净后切成菜末，放入榨汁机里，打成菠菜汁待用。
3. 菠菜汁加热后慢慢倒入面粉中，先用筷子搅成粉絮状。
4. 然后慢慢揉成光滑面团。
5. 猪肉剁成肉末，加料酒搅成肉馅。
6. 芹菜洗净后切碎，加盐捏去水分。
7. 然后把芹菜末放在肉馅里，加少许盐、色拉油搅拌成芹菜肉馅。
8. 将面团搓成长条形，分成 30 克的小份，搓圆按扁，擀成饺子皮。
9. 夹适量肉馅放在饺子皮中间。
10. 包成饺子。
11. 将新鲜玉米皮洗干净剪小块，当蒸笼布用。
12. 把玉米皮摆在下面，上面摆上包好的饺子，锅里水开后放上蒸锅或小蒸笼中，大火蒸 8 ～ 10 分钟即可。

最佳蒸制时间 蒸锅或小蒸笼蒸 8 ～ 10 分钟。

口味 皮韧肉鲜，别有风味。

溢齿留香有话说

1. 芹菜叶是好东西，许多家庭都摘去丢了很可惜，可以切碎当菜馅。
2. 新鲜的玉米皮洗清后代替蒸笼布垫底用，健康环保，增添清香。
3. 可以用青菜汁代替菠菜汁和面，也可以用紫甘蓝或胡萝卜汁做成紫色和红黄色的饺子皮，天然健康又营养。

❸ 你总是心太软 | 糯米红枣

红枣是女人的好伴侣，是养颜补血的佳品，我基本上每天都要烧点红枣汤或是在做饭前在饭锅里蒸一些红枣吃。但是有时想变点花样犒劳自己，就想到做这道小点心，把糯米粉团揉好细条，轻轻地塞进红枣的怀抱里，那热热软软甜甜的口感，就像温柔的女人心！

🍲 **食材** 糯米粉 200 克、红枣 100 克。

📋 **调味料** 白糖 5 克。

📋 **制作步骤**

1. 准备原材料。
2. 将糯米粉分次加入温水搅拌均匀，然后揉成糯米团。
3. 红枣在清水里浸泡涨发。
4. 将揉好的糯米团分成若干小份，搓成细小长条。
5. 红枣切开去枣核。
6. 把一个细糯米小条装入红枣里包裹住。
7. 排放在蒸盘上，加入适量糖水，放入电蒸箱或蒸锅中蒸熟即可。

⏰ **最佳蒸制时间** 电蒸箱（100℃）或蒸锅蒸 15 分钟。

😋 **口味** 红枣酥甜，糯米软糯。

📋 **溢齿留香有话说**

1. 红枣取核时，一定要浸泡发涨后再取，切开时不要切断，不然成不了型。
2. 糯米条不要搓得太大，太满的话蒸制时容易溢出，影响成品外观。
3. 蒸制后也可以浇上一些蜂蜜，更加香甜。
4. 蒸出后要趁热吃，放凉后会影响口感。

❹ 酱鸭与糯米的情缘 ┃ **酱鸭糯米饭**

当酱香红亮的酱鸭一只只挂满阳台时，每天闻着酱香咸鲜就想变着花样吃。除了蒸熟当冷盘吃外，有时候晚上不做其他菜，就切几块酱鸭腿肉，配上软糯的糯米蒸制，酱鸭的油润酱汁在蒸制中慢慢渗入糯米饭里，吃时拌匀，油香软糯，酱香诱人，一下就消灭光啦！

🍽 **食材** 酱鸭腿 1 只、青豆 100 克、糯米 300 克。

🥄 **调味料** 酱油 20 毫升、盐 2 克、料酒 15 毫升、鸡精 2 克。

📋 **制作步骤**

1. 准备原材料。
2. 将糯米淘洗净后，浸在清水里涨发一天左右，然后用酱油、鸡精拌匀。
3. 酱鸭取腿肉切成片，用料酒浸润泡软。
4. 青豆剥壳取肉、洗干净。
5. 将浸涨拌好的糯米倒入酱油和盐，在盘子上先铺一层，然后把酱鸭腿片摆放在糯米上。
6. 再撒些青豆，把盘子放入电蒸箱或蒸锅（隔水）中蒸熟，吃时拌匀即可。

⏱ **最佳蒸制时间** 电蒸箱（100℃）或蒸锅蒸 25 分钟。

🍲 **口味** 糯米饭香糯软绵，酱鸭红亮油润。

📖 **溢齿留香有话说**

1. 酱鸭腿在腌制时风干了，所以要用料酒浸泡变软。
2. 糯米需先浸泡再蒸，口感软糯，也容易吸收酱鸭的油润。

⑤ 蒸出来的月饼 | **紫薯月饼**

每到中秋佳节，不论走亲访友还是自己过节，中秋月饼作为传统的食品总是必须吃的。我个人不喜欢太甜多糖的广式月饼，所以就用紫薯做了不用烤箱就可以蒸出来的健康月饼，软糯的紫薯包住咸麻油沙的咸蛋黄，既美味又健康。健康杂粮紫薯月饼无难度，即使没有烤箱，任何人也都能轻松做成功！

食材　咸鸭蛋 5 只、紫薯 250 克。

调味料　无。

制作步骤

1. 准备原材料。
2. 将紫薯洗干净，用牙签戳几个小洞，然后放入电蒸箱或蒸锅（大火）蒸至软熟。
3. 将蒸熟的紫薯剥去外皮，切成小碎块。
4. 将紫薯小块放进保鲜袋里，用擀面杖来回擀压成紫薯泥。
5. 咸鸭蛋敲破去蛋清，留下蛋黄，上蒸锅蒸熟。
6. 然后将紫薯泥压紧，搓成圆形，中间按扁放入一个咸蛋黄包住。
7. 最后放入月饼模具中，推压成月饼即可。

最佳蒸制时间　分 2 次蒸制。第 1 次蒸紫薯，电蒸箱（100℃）或蒸锅蒸
　　　　　　　20 分钟。第 2 次蒸鸭蛋黄，蒸 10 分钟左右。

口味　紫薯软甜，蛋黄咸香。

溢齿留香有话说

1. 紫薯最好选嫩小的，这样的紫薯里面没有薯筋，软糯、粉香、细腻。
2. 我是用生咸鸭蛋敲开取出蛋黄做的，如果怕麻烦，也可以在超市买现成的咸
　蛋黄。
3. 将紫薯月饼放入月饼模具前，最好用色拉油或干熟糯米粉淋入月饼模具中晃
　匀，这样压出来的紫薯月饼不会粘住月饼模具而破坏造型。

❻ 我和秋天有个约会 │ **桂花栗子糕**

"月子桂中落，天香云外飘"。每当九月杭州满城桂花飘香时，喜欢静静地坐在桂花树下的石桌边，抬头望……轻风吹落黄色桂花飘飘洒洒，亲吻着发际，依偎在衣服，钻入桌上的龙井茶杯，全身桂花香。欣喜中轻轻拿起白纸摊开双手，仰望桂花树，迎接这天外飘落的桂香，就用这轻灵雅香的桂子，融入香甜的栗子做成美味的桂花糕吧，留住这秋季的桂花香！

📋 **食材**　糯米粉 300 克、米粉 150 克、栗子若干。

🧂 **调味料**　干桂花、白糖适量。

📋 **制作步骤**

1. 准备原材料。
2. 先将干桂花用水泡开。
3. 板栗先在中间切一刀，然后放入开水锅里煮熟。
4. 剥壳取出板栗肉，切成小丁。
5. 把糯米粉、米粉倒入盆中，分次加入桂花白糖水，调成糊。
6. 然后把煮熟的栗子丁均匀地铺在团上压平。
7. 用电蒸箱或蒸锅蒸熟。
8. 最后撒些桂花，用刀切成三角形，摆在盘中即可。

⏲ **最佳蒸制时间**　电蒸箱（100℃）或蒸锅蒸 20 分钟。

😋 **口味**　软糯甜香，桂香扑鼻。

💬 **溢齿留香有话说**

1. 在糯米粉中加入一些米粉，可以增加糕的厚度。如果家里有澄粉，也可以少量添加一点，可以使桂花栗子糕的色泽亮一些。
2. 糕的上面也可以根据自己的喜好加上些瓜子仁、松子仁、果脯等等。
3. 将糯米团放入蒸盘或蒸碗里，最好在盘底涂抹些色拉油，以防粘底。

⑦ 立夏了，该吃豆饭喽 | 豌豆笋丁糯米饭

　　春末夏初，豌豆花儿开，紫红的花儿像蝴蝶一样盛开在藤头，花儿开过就有清嫩的豌豆吃啦！看到母亲买回家一大袋子豌豆，我赶紧帮忙剥豆豆，母亲又切了咸肉、笋丁，一碗在初夏时节我最喜欢吃的豌豆笋丁糯米饭上锅蒸了，热气腾腾中，青青的豌豆、黄脆的笋丁、红红的咸肉、白糯的米饭用油润鲜香的猪油拌匀，味道简直太赞了！如果不是母亲说糯米不能多吃，怕撑着了，我是必须连吃三碗的哦！

🍱 **食材**　新鲜豌豆 200 克、咸肉 1 块、笋 2 ~ 3 株、糯米 350 克。

🧂 **调味料**　熟猪油 10 克、盐 3 克。

🍳 **制作步骤**

1. 准备食材。
2. 糯米淘洗后，浸泡 2 小时。
3. 将浸泡的糯米加水，放入电蒸箱或蒸锅中蒸熟。
4. 咸肉切肉丁，春笋剥壳洗净后切笋丁。
5. 然后把豌豆、笋丁、肉丁铺在糯米上，再蒸 8 分钟，蒸熟后加盐、熟猪油拌匀入味后即可。

⏱ **最佳蒸制时间**　分 2 次蒸制。第 1 次蒸糯米饭，电蒸箱（100℃）或蒸锅蒸 20 分钟。第 2 次将食材全部倒入，再蒸 8 分钟。

😋 **口味**　鲜咸入味，糯香绵软。

📋 **溢齿留香有话说**

1. 笋最好先在开水锅里焯一下，去除涩味。
2. 咸肉要先用温水或料酒浸洗下变软。
3. 最后用少量猪油拌入饭中，更添肉香滋味。

⑧ 想念你的人是我 | 艾青团子

　　每当清明节快到的时候，总要去野外田边溪旁，采摘一些清香的艾草，那一丛丛一片片的艾草在阳光下绿意葱笼。剪下一株株的清新香艾，将艾草洗净捣成泥，加入糯米粉，做成时令点心——清明团子，寄托我们对逝去亲人的无限怀念！传统的清明团子有甜咸两种，我今天做的是艾香甜糯的红豆沙清明团子。

食材 新鲜的艾草 300 克、糯米粉 400 克、红豆沙 250 克、面粉少许、粽叶若干张。

调味料 无。

制做步骤

1. 准备原材料。
2. 将新鲜的艾草清洗干净后，在开水锅里焯煮一下。
3. 煮开后捞出艾草挤干水分，切成碎末，放入调理机中加适量水打成艾草泥。
4. 在碗中加糯米粉和少量面粉，然后将艾草泥倒入，加少量温水搅拌。
5. 然后揉成艾草面团。
6. 将艾草面团搓成细长条，分成小面团擀成面皮，将豆沙搓成一个个小豆沙球，放在糯米面皮上包成圆圆的清明团子。
7. 粽叶剪成小块垫在锅底，清明团子放在粽叶上，放入电蒸箱或蒸锅中蒸熟。

最佳蒸制时间 电蒸箱（100℃）或蒸锅蒸 15 分钟。

口味 艾团软糯，豆沙香甜。

溢齿留香有话说

1. 揉面团时，糯米粉里加少量面粉或米粉，不容易黏牙，并容易成型。
2. 在揉面时加少量色拉油，可以使清明团蒸熟后外表有光泽。
3. 因为糯米粉很黏，所以在蒸时下面一定要垫上粽叶才不会粘盘，也可以用菜叶、玉米皮等代替粽叶。
4. 可以将红豆浸涨后煮熟，加糖和猪油炒成红豆沙，图方便的话也可以去超市买现成的红豆沙，或选喜欢的其他馅料。

⑨ 我们的生活比蜜甜 ｜ **桂花山药**

喜欢山药的白嫩脆滑，无论是快炒、红烧，还是凉拌、果味浸制，都营养丰富，是我们家里的当家菜之一。秋日桂花飘香时，采摘新鲜浓香的桂花慢慢调制成香甜的桂花蜜，与白嫩的山药同蒸，山药因桂花更甜蜜脆滑，好像我们的生活每天都如此甜蜜温馨。

食材 干桂花、山药。

调味料 蜂蜜。

制作步骤

1. 准备原材料。
2. 先将干桂花用少量冷开水浸泡。
3. 然后淋入蜂蜜，调成桂花蜜汁。
4. 将山药去皮后切成片。
5. 浸入淡盐水里以免变色。
6. 将山药片放盘中，放入电蒸箱或蒸锅中蒸熟，最后在蒸好的山药上，淋入薄薄的桂花蜜汁即可。

最佳蒸制时间 电蒸箱（90℃）或蒸锅蒸 7 分钟。

口味 山药爽脆、桂花香甜。

溢齿留香有话说

1. 山药削皮后遇空气容易变色发黑，所以切后要放入盐水里浸泡。
2. 我用的是桂花加蜂蜜调成的桂花蜜汁，也可以买超市里现成的桂花蜜。

⑩ 吃点杂粮更健康 ｜ **杂粮紫菜饭团**

　　现在人们的饮食已经从吃饱向吃好吃健康营养方向发展了。我每周要吃两次杂粮，平时也经常把玉米、番薯、南瓜等当主食。偶尔发现市场上的藜麦，富含钙、磷、铁等微量元素，于是就配上富含硒和碘的海苔、清嫩的甜豆、胡萝卜、香菇，做成营养丰富的杂粮蔬菜饭团。小巧精致的外形，让平时不愿多吃饭的小朋友们也喜欢上了，加上藜麦吃起来嘎吱嘎吱果香型的口感，真是营养又有趣呀！

🍚 **食材** 糯米 200 克、藜麦 100 克、甜豆 100 克、胡萝卜 1 根、鲜香菇 3 朵、紫菜片适量。

🧂 **调味料** 盐 3 克、食用油适量、鸡精少许。

📋 **制做步骤**

1. 准备原材料。
2. 将糯米、藜麦分别洗淘后，放在清水里浸泡 3 小时，然后将糯米、藜麦混匀添加清水，放入电蒸箱或蒸锅中蒸熟。
3. 将甜豆剥壳，香菇、胡萝卜切小丁。
4. 锅中放适量食用油烧热，放入甜豆、香菇丁、胡萝卜丁翻炒匀。
5. 然后将蒸好的糯米藜麦饭加盐、鸡精调味。
6. 将糯米藜麦饭做成营养饭团形状。

⏱ **最佳蒸制时间** 电蒸箱（100℃）或蒸锅蒸 20 分钟。

🍽 **口味** 口感独特，咸鲜软糯。

💬 **溢齿留香有话说**

1. 藜麦要先浸泡一会儿，涨发后蒸出来才有嚼劲。
2. 香菇要浸泡 24 小时，充分涨发，这样容易熟透。
3. 也可以将切好的香菇丁、胡萝卜丁、甜豆加盐、食用油拌匀后，撒在糯米藜麦上一起蒸制。

11 清甜滋润好营养 | 罗汉果荸荠汤

罗汉果是好东西，口感甜润，对嗓子特别好。据说在雾霾严重的现代社会，每天喝点罗汉果茶、罗汉果汤，绝对是清甜滋润，有利于清肺清嗓的，如此好的清肺养颜饮品，你还不赶紧行动起来？

食材 罗汉果 1 个、荸荠 5 颗、玉米 1 段、水 500 克。

调味料 冰糖 5 克。

制作步骤

1. 将罗汉果清洗一下，敲裂果壳。
2. 荸荠削去皮，对半切开。
3. 玉米段切片。
4. 将玉米片及荸荠片放入蒸碗里。
5. 放入罗汉果，加上清水（以没过原料为宜），放在电蒸箱或蒸锅里蒸熟。
6. 盛出后加入冰糖，搅匀即可。

最佳蒸制时间 电蒸箱（100℃）或蒸锅蒸 30 分钟。

口味 玉米荸荠爽脆，口感清甜滋润。

溢齿留香有话说

1. 很多朋友把罗汉果壳丢了，其实壳也很有药用价值，连壳一起蒸可以充分利用其药用价值。
2. 把罗汉果敲开壳的目的是更容易将罗汉果味充分溶于汤中。
3. 冰糖可以按自己口感添加，因为罗汉果本身有甜味，也可以不放冰糖。

⑫ 百试不爽的止咳润喉良方 ｜ 川贝雪梨盅

咳嗽是人人都会遇到的，记得我有次感冒后不停地咳嗽，有朋友让我吃川贝雪梨试试看，我就蒸了川贝雪梨，连吃了几次果然有一定效果。

🍚 **食材** 雪梨1只、川贝5克、枸杞子5颗。

🧂 **调味料** 冰糖适量。

📋 **制作步骤**

1. 准备原材料。
2. 将雪梨洗干净后切去梨头，把梨内芯核肉挖出成梨盅。
3. 川贝用擀面杖压碎。
4. 把梨肉放入梨盅里。
5. 上面撒上川贝粉，再放入冰糖和枸杞子。
6. 盖上梨盖，放入电蒸箱或蒸锅中蒸熟即可。

⏱ **最佳蒸制时间** 电蒸箱（100℃）或蒸锅蒸30分钟。

😋 **口味** 酥烂软甜、清肺润喉。

🍵 **溢齿留香有话说**

1. 川贝可以装在保鲜袋里用擀面杖压碎，或用刀背轻轻敲碎。
2. 梨也可以切块，放川贝粉和冰糖，直接放在蒸盅里蒸制。
3. 梨盅蒸好后不要放凉了，要趁热吃，效果好些。

⑬ 美丽的女人看过来 | 木瓜银耳盅

　　我喜欢在甜品中把新鲜水果切成容器状，既美观又好吃。一个暖暖的周末，一周紧张的工作之余，阳光洒入阳台，斜躺在椅子上，听听音乐，翻读几本书，倚靠在阳台上享受美好的周末阳光与悠闲，此时一个木瓜银耳盅是女人对自己最好的犒赏，美味又养颜。

🗂 **食材**　木瓜 1 只、银耳 3 朵、枸杞子 10 颗、鲜奶 100 毫升。

🧂 **调味料**　冰糖 10 克。

📋 **制做步骤**

　　1. 准备原材料。
　　2. 将木瓜对半剖开，挖去木瓜子。
　　3. 银耳放入清水里浸泡涨发，然后去蒂，撕成小片形状。
　　4. 将银耳放入木瓜船里，上面撒上枸杞子。
　　5. 再加入木瓜肉。
　　6. 撒上枸杞子、冰糖。
　　7. 盖上木瓜另一半，放入电蒸箱或蒸锅中蒸制。吃时将鲜奶倒入搅匀即可。

⏱ **最佳蒸制时间**　电蒸箱（100℃）或蒸锅蒸 30 分钟。

😋 **口味**　木瓜软甜，银耳滑润，奶香浓郁。

📖 **溢齿留香有话说**

　　1. 银耳最好浸泡 24 小时以上，这样容易蒸熟软烂。
　　2. 切木瓜时上面留盖 1/3，这样容积大，不容易满出和倾倒。
　　3. 也可以用碗做容器蒸，将整个木瓜去皮，切小块和银耳、枸杞子一起放入碗内，放入电蒸箱或蒸锅中蒸熟。

⑭ 你的香甜我懂的 | 桂花南瓜蒸百合

　　秋收时节，金黄色的老南瓜又甜又糯，用这富含多种营养素与低脂肪的南瓜，搭配清心安神、润肺止咳的百合和养血美颜的红枣，加上杭州特有的干桂花和滋润清火的蜂蜜，蒸出一个清火养颜的甜品——桂花南瓜蒸百合。

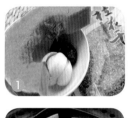

食材 南瓜 200 克、百合 1 只、红枣 3 颗。

调味料 桂花、蜂蜜各适量。

制作步骤

1. 准备原材料。
2. 将老南瓜去皮洗净后，切薄片。
3. 百合瓣开，一片片洗净。
4. 把切好的南瓜放碗中，百合放中间。
5. 最后放上红枣，放入电蒸箱或蒸锅中蒸熟。
6. 将蜂蜜与干桂花调好桂花蜜汁。
7. 将桂花蜜汁浇在蒸好的南瓜百合上即可。

最佳蒸制时间 电蒸箱（100℃）或蒸锅蒸 8 分钟。

口味 南瓜甜糯、百合酥绵、桂花清香。

溢齿留香有话说

1. 老南瓜的皮也很有营养，可以洗刷干净后连皮蒸，但要切薄片。
2. 鲜百合很容易熟，为了防止变色，可以等南瓜蒸熟后再放入百合蒸 2 分种即可。
3. 如果家里没有干桂花，可以用现成的瓶装桂花蜜代替。

图书在版编目（CIP）数据

溢齿留香·好菜蒸出来 / 溢齿留香著. — 杭州：浙江科学技术出版社，2015.9（2018.2重印）

ISBN 978-7-5341-6792-8

Ⅰ. ①溢 …　Ⅱ. ①溢 …　Ⅲ. ①蒸菜 – 菜谱　Ⅳ.①TS972.113

中国版本图书馆CIP数据核字（2015）第158227号

书　名	溢齿留香·好菜蒸出来	
著　者	溢齿留香	

出版发行　浙江科学技术出版社

地址：杭州市体育场路347号　邮政编码：310006

办公室电话：0571-85176593

销售部电话：0571-85176040

网址：www.zkpress.com

E-mail：zkpress@zkpress.com

排　版	杭州兴邦电子印务有限公司	
印　刷	浙江海虹彩色印务有限公司	
经　销	全国各地新华书店	

开　本	787×1092　1/16	印　张	9.5
字　数	143 000		
版　次	2015年9月第1版	印　次	2018年2月第2次印刷
书　号	ISBN 978-7-5341-6792-8	定　价	38.00元

责任编辑　王　群　沈秋强　　　　**责任美编**　金　晖

责任校对　刘　丹　梁　峥　　　　**责任印务**　徐忠雷

特约编辑　田海维